국가기술자격 미용사(일반) 실기시험 합격률 40.7%
(2019년 한국산업인력공단 국가기술자격통계)

"미용사(일반) 실기시험, 왜 이렇게 합격하기 어려운가요?"

2016년 7월 이후 끊임없이 변경되고 있는 미용사(일반) 수험생들을 혼란스럽게 하고 있습니다. 이에 공신력 있는 저자진과 (주)성안당은 미 생이 반드시 합격할 수 있도록 최근 출제기준과 공개문제, 요구사항을 가장 빠르고 실기시험에 미치다』를 출간했습니다. 이 책은 미용사(일반) 검정형 평가 완벽 합격 대비할 수 있도록 구성하였습니다. ㈜성안당과 한국미용교과교육과정연구회는 최고의 수험서로 솟친 합격률·적중률·만족도를 만들어 갈 것을 약속드립니다.

1 시술 전 알아두어야 할 이론

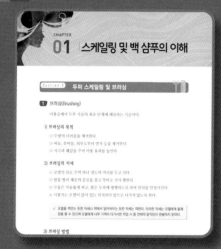

2 일러스트로 설명한 시술 과정

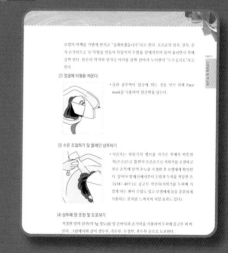

3 주의사항과 감점요인

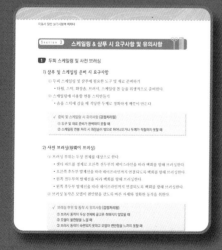

4 상세한 과정 컷과 풍부한 설명

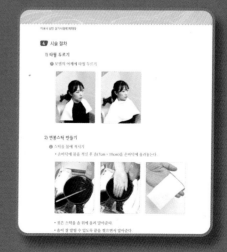

미용사 일반 **실기시험** 에 美 미치다

미용사 일반
실기시험에 미치다

2016. 7. 12. 초 판 1쇄 발행
2017. 3. 7. 개정 1판 1쇄 발행
2018. 3. 21. 개정 2판 1쇄 발행
2019. 2. 20. 개정 3판 1쇄 발행
2020. 1. 6. 개정 4판 1쇄 발행
2021. 1. 7. 개정 5판 1쇄 발행

지은이 | 한국미용교과교육과정연구회
펴낸이 | 이종춘
펴낸곳 | **BM** (주)도서출판 **성안당**

주소 | 04032 서울시 마포구 양화로 127 첨단빌딩 3층(출판기획 R&D 센터)
　　 | 10881 경기도 파주시 문발로 112 파주 출판 문화도시(제작 및 물류)

전화 | 02) 3142-0036
　　 | 031) 950-6300

팩스 | 031) 955-0510
등록 | 1973. 2. 1. 제406-2005-000046호
출판사 홈페이지 | www.cyber.co.kr
ISBN | 978-89-315-9072-2 (13590)
정가 | 23,000원

이 책을 만든 사람들

기획 | 최옥현
진행 | 박남균
교정·교열 | 디엔터
내지 디자인 | 홍수미
표지 디자인 | 박원석, 디엔터
일러스트 | 윤종상
홍보 | 김계향, 유미나
국제부 | 이선민, 조혜란, 김혜숙
마케팅 | 구본철, 차정욱, 나진호, 이동후, 강호묵
마케팅 지원 | 장상범
제작 | 김유석

■ 도서 A/S 안내

성안당에서 발행하는 모든 도서는 저자와 출판사, 그리고 독자가 함께 만들어 나갑니다.
좋은 책을 펴내기 위해 많은 노력을 기울이고 있습니다. 혹시라도 내용상의 오류나 오탈자 등이
발견되면 **"좋은 책은 나라의 보배"**로서 우리 모두가 함께 만들어 간다는 마음으로 연락주시기
바랍니다. 수정 보완하여 더 나은 책이 되도록 최선을 다하겠습니다.
성안당은 늘 독자 여러분들의 소중한 의견을 기다리고 있습니다. 좋은 의견을 보내주시는 분께는
성안당 쇼핑몰의 포인트(3,000포인트)를 적립해 드립니다.

잘못 만들어진 책이나 부록 등이 파손된 경우에는 교환해 드립니다.

美친 적중률
美친 합격률
美친 만족도

최고의 국가자격시험 수험서를 제대로
만들고 싶어하는 성안당의 마음입니다

미용사 일반
실기시험 에

美 미치다

(美: 아름다울 미)

한국미용교과교육과정연구회 지음

BM (주)도서출판 성안당

저자 약력

배 신 영

현) 대림대학교 항공서비스과 교수
U.A.E Emirates Arilines Cabin Crew
Melbourne University Private Hawthorn English
Language Centers Certificate California State
University, Long Beach, TESOL Cetificate

中國天津南开大學校 研修
中國北京人民大學校 研修
中國硯台師範大學校 研修

윤 미 선

현) 한성대학교 예술대학원 뷰티예술학과 주임교수

학력
숭실대학교 뷰티공학 박사

경력
한국네일미용학회 이사
한국미용직능대책위원회 부위원장
USA NAIL & HAIR 대표
USA NAIL2 대표
ELITE NAIL & HAIR(미국 뉴저지주) 근무

곽 진 만

현) 한국헤어컬러리스트 협회 대표
현) 뷰티 에듀테인먼트(주) 대표

경력
로레알 코리아 교육팀 과장
쟈끄데상쥬 교육이사
이용사 NCS 모듈 집필위원

윤 정 순

현) 신라대학교 뷰티비지니스학과 외래교수
현) 대동대학교 겸임 조교수
현) 윤정순 뷰티아카데미 학원 원장

학력
인제대학교 보건대학원 보건학 석사
인제대학교 일반대학원 보건학 박사 수료

경력
동주대학교 겸임전임 강사 및 초빙교수 역임
동명대학교 전임강사 및 학과장 역임
윤정순 미용실 운영
인제대학교, 인제대학보건대학원 외래교수 역임
부산시 상공회의소(소창업 지원센터) 교육강사

오 무 선

현) 오무선뷰티컴퍼니 대표
현) 오무선미용실 및 오무선 뷰티아카데미 경영
현) 계명문화대학교 기업브랜드학부 오무선뷰티
전공 교수

경력
대구 교도소 재소자 직업훈련지도 미용 특별 강사
대구미용사회 중앙회 기술 강사 및 이사 역임
전국 기능경기 대회 미용심사위원
국제기능 올림픽 대회 후보 선수 2차 평가 미용직
종 심사위원
대구기능발전회 회장 역임
대구광역시장배 미용기능 경기대회 심사위원
한국미용장협회 대구, 경북지회장 및 이사 임명
대구광역시 기능경기위원회 위원

이 복 희

현) 서경대학교 미용예술학과 주임교수

학력
서경대학교 문화예술학 박사
서경대학교(일반대학원) 미용예술학 석사

경력
NCS 개발 및 심의 위원
학습모듈 개발 검토위원
대한민국 산업현장교수

정 매 자

현) 서정대학교 뷰티아트과 교수
현) 대한민국 명장회 및 대한미용장협회 이사
현) 과정평가형 자격 지원단 위촉장
현) 대한민국명장 심사위원
현) 지방, 전국 기능경기대회 과제출제 및 검토위원
현) 대한미용사 중앙회 기술 강사
현) 정정원헤어룩 대표

경력
대구광역시 달구벌명인 심사위원회 위원 다수
각종 기능경기대회 심사위원 다수
국가기술자격검정 미용장 시험 감독위원(채점)
국가기술검정 시험위원

정 향 옥

현) 대한민국산업현장교수
현) 인하직업전문학교장
현) 인하희망학교(대안)이사장
현) 인하뷰티플러스대표
현) 글로벌 뷰티산업진흥원대표
현) 글로벌뷰티산업협동조합이사장

학력
상명대학원 박사과정수료

경력
NCS검토 및 심의위원
학습모듈검토위원
국가기술자격정책 심의위원(이,미용분야)

수상
대한민국대통령상 표창

박 광 희

현) 대전과학기술대학교 뷰티디자인 계열 전임교수
현) 대전서구 민주평통 부회장

학력
한국 방송통신대학교 교육학과 교육학사
대전대학교 대학원 동양철학 문학 석사
충남대학교 대학원 동양철학 철학 박사

경력
양성평등 교육강사 1기(대전시청)
대전시 교육청 인력풀 교육강사
대전고용지원센타 직업의 변화 강의
대한미용사회 대전서구지회 지회장 및 협의회장
대한미용사회 중앙회 기술강사

# 들어가면서

국가는 미용사(일반)의 권익과 기술 발전을 위한 변화 단계로서 교육 및 산업현장의 패러다임의 대변혁을 예고하고 준비해 왔다. 다시 말하면 노동부와 교육부에서는 능력과 역량 있는 사회 구현을 강조하고 있다. 이에 국정 과제인 국가직무능력표준(National Competency Standard, NCS) 개발 및 활용 업무를 위해 2014년 4월부터 직접 현장의 소리를 듣고 산업현장의 직무수준을 정확히 평가하고자 하였다. 따라서 과거의 자격이 '아는 것'이었다고 한다면 현재는 산업 현장형 인력을 양성하는 '알고 할 수 있는 것'에 중점을 두고 있다. NCS는 현장실무를 기반으로 일(산업체)과 교육훈련(교육기관), 자격(검정기관)을 모두 연계하는 자격시스템을 구축시킨다. 구축된 산업현장의 직무와 수준에 맞도록 평가방법을 개선하여 산업현장에서 통용될 수 있도록 개정, 보완시킨 미용사(일반) 검정형을 5종목으로 나누었다.

첫째, 제1과제 스케일링 및 백 샴푸는 브러시를 이용한 브러싱과 면봉을 이용한 스케일링, 백 샴푸에 따른 매니플레이션 등을 모델에게 직접 시연함으로써 바로 일할 수 있는 자격 시스템을 갖추고자 했다.

둘째, 제2과제 헤어 커트는 기존 검정형과 동일한 솔리드형으로 스파니엘과 이사도라, 그래듀에이션(로우), 레이어드(유니폼)형으로 구성되었으며, 제3과제와 제4과제를 염두에 두고 작업이 이루어졌다. 특히 유니폼 레이어드형은 가이드라인이 12~14cm로, 단차를 갖기 위해 두발 길이(Top 기준으로)를 13~14cm 정도로 하였다. 이는 벨크로 롤 작업과 기본 헤어 펌(가로 혼합형)과도 연계되는 수준으로 구성되기 때문이다.

셋째, 제3과제 블로 드라이 스타일은 제2과제 헤어 커트를 대상으로 스파니엘과 그래듀에이션 인컬(안말음형), 이사도라 아웃컬(겉말음형) 스타일링뿐 아니라 레이어드는 벨크로롤 작업으로서 오리지널 세트와 리세트가 동시에 이루어지는 퀵 살롱 서비스 헤어스타일의 연출을 요구한다.

넷째, 제4과제 기본 헤어 퍼머넌트 웨이브는 기본(9등분)과 가로혼합형(4영역, 7등분) 와인딩으로, 오리지널 세트가 요구된다. 가로혼합형은 확장형 패턴과 윤곽형 간의 교대 오블롱 패턴, 벽돌쌓기 패턴 등 기본 패턴(몰딩)이 곧 응용으로 연계됨을 엿볼 수 있다.

다섯째, 헤어컬러링은 7레벨 웨프트를 중심으로 원색의 배합에 따른 이차색(등화색)을 작업하는 과정에서 요구되는 도포 능력, 컬러 배합 능력, 호일워크, 세척, 정리정돈 및 마무리 등을 25분 안에 현실적으로 체계화하도록 구성하였다.

지금이 바로 혁신의 시발점으로서 국가기술자격 전 종목을 대변하는 터닝 포인트가 된다. 즉, 향후 나아가야 할 미래 미용사의 모습을 담고 있다고 볼 수 있다. 이에 (주)성안당에서는 2016년 7월부터 시행되는 한국산업인력공단에서 요구하는 미용사(일반) 자격시험의 취지를 빠짐없이 그림과 사진 등을 포함한 내용으로 진실하게 담았다. 미래 전문 미용인들의 올바른 안내자가 되고자 하는 마음을 모아서 본서(本書)로 실기시험을 준비하는 모든 시험자의 합격을 기원드린다.

한국미용교과교육과정연구회

국가직무능력표준(NCS) 기반 헤어미용

💬 국가직무능력표준(NCS)

국가직무능력표준(NCS, National Competency Standards)은 산업현장에서 직무를 행하기 위해 요구되는 지식 · 기술 · 태도 등의 내용을 국가가 체계화한 것이다.

💬 NCS 학습모듈

국가직무능력표준(NCS)이 현장의 '직무 요구서'라고 한다면, NCS 학습모듈은 NCS의 능력단위를 교육훈련에서 학습할 수 있도록 구성한 '교수 · 학습 자료'이다. NCS 학습모듈은 구체적 직무를 학습할 수 있도록 이론 및 실습과 관련된 내용을 상세하게 제시한다.

💬 '헤어미용' NCS 학습모듈 둘러보기

1. NCS '헤어미용' 직무 정의

헤어미용은 미적 욕구의 충족을 통해 정서적 만족감 및 자존감을 높이려는 고객에게 미용기기와 제품을 활용하여 샴푸, 헤어커트, 헤어펌, 헤어 컬러, 두피 · 모발 관리, 헤어스타일 연출, 메이크업 등의 미용 서비스를 제공하는 일이다.

2. '헤어미용' NCS 학습모듈 검색

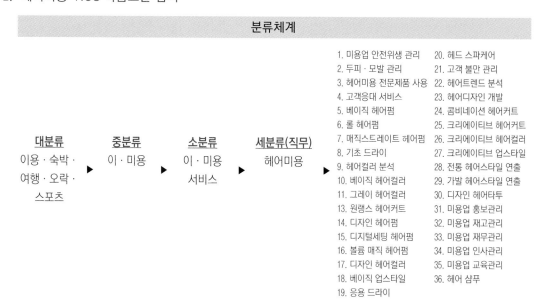

분류체계

대분류	중분류	소분류	세분류(직무)
이용 · 숙박 · 여행 · 오락 · 스포츠	▶ 이 · 미용	▶ 이 · 미용 서비스	▶ 헤어미용

1. 미용업 안전위생 관리
2. 두피 · 모발 관리
3. 헤어미용 전문제품 사용
4. 고객응대 서비스
5. 베이직 헤어펌
6. 롤 헤어펌
7. 매직스트레이트 헤어펌
8. 기초 드라이
9. 헤어컬러 분석
10. 베이직 헤어컬러
11. 그레이 헤어컬러
13. 원랭스 헤어커트
14. 디자인 헤어펌
15. 디지털세팅 헤어펌
16. 볼륨 매직 헤어펌
17. 디자인 헤어컬러
18. 베이직 업스타일
19. 응용 드라이

20. 헤드 스파케어
21. 고객 불만 관리
22. 헤어트렌드 분석
23. 헤어디자인 개발
24. 콤비네이션 헤어커트
25. 크리에이티브 헤어커트
26. 크리에이티브 헤어컬러
27. 크리에이티브 업스타일
28. 전통 헤어스타일 연출
29. 가발 헤어스타일 연출
30. 디자인 헤어타투
31. 미용업 홍보관리
32. 미용업 재고관리
33. 미용업 재무관리
34. 미용업 인사관리
35. 미용업 교육관리
36. 헤어 샴푸

3. NCS능력단위

순번	분류번호	능력단위명	수준	변경이력	미리보기	선택
1	1201010101_17v4	미용업 안전위생 관리	2	변경이력	미리보기	☐
2	1201010112_17v4	두피·모발 관리	3	변경이력	미리보기	☐
3	1201010113_17v4	헤어미용 전문제품 사용	3	변경이력	미리보기	☐
4	1201010116_19v5	고객응대 서비스	2	변경이력	미리보기	☐
5	1201010120_19v5	베이직 헤어펌	2	변경이력	미리보기	☐

4. NCS 학습모듈

순번	학습모듈명	분류번호	능력단위명	첨부파일	이전 학습모듈
1	헤어케어	LM1201010112_17v4	두피·모발 관리	PDF	이력보기
		LM1201010140_17v4	헤드 스파케어		
2	헤어제품사용	LM1201010113_17v4	헤어미용 전문제품 사용	PDF	이력보기
		LM1201010152_17v4	미용업 재고관리		
3	기초 헤어펌	LM1201010120_17v4	베이직 헤어펌	PDF	이력보기
		LM1201010121_17v4	롤 헤어펌		
		LM1201010122_17v4	매직스트레이트 헤어펌		
4	헤어스타일링	LM1201010123_17v4	기초 드라이	PDF	이력보기
		LM1201010139_17v4	응용 드라이		
5	기초 헤어 컬러	LM1201010124_17v4	헤어컬러 분석	PDF	이력보기
		LM1201010125_17v4	베이직 헤어컬러		

미용사(일반) 국가자격 시험정보

💬 개요

미용업무는 공중위생 분야에 속하여 국민의 건강과 직결되어 있는 중요한 분야이며, 앞으로 국가의 산업구조가 제조업에서 서비스업 중심으로 전환되는 차원에서 수요가 증대되고 있다. 분야별로 세분화 및 전문화되고 있는 세계적인 추세에 맞추어 미용의 업무 중 헤어미용을 수행할 수 있는 미용 분야 전문인력을 양성함으로써 국민의 보건과 건강을 보호하기 위하여 자격제도를 제정하였다.

💬 수행 직무

아름다운 헤어스타일 연출 등을 위하여 헤어 및 두피에 적절한 관리법과 기기 및 제품을 사용하여 일반미용을 수행한다.

💬 실시기관 홈페이지

큐넷(q-net.or.kr)

💬 실시기관명

한국산업인력공단

💬 진로 및 전망

• 미용실에 취업하거나 직접 자신의 미용실을 운영할 수 있다.
• 미용업계가 과학화, 기업화됨에 따라 미용사의 지위와 대우가 향상되고 작업 조건도 양호해질 전망이며, 남자가 미용실을 이용하는 경향이 두드러지고, 많은 남자 미용사가 활동하는 미용 업계의 경향으로 보아 남사에게도 취업의 기회가 확대될 전망이다.
• 공중위생법상 미용사가 되려는 자는 미용사자격취득을 한 뒤 시·도지사의 면허를 받도록 하고 있다(법 제9조).
• 미용사(일반)의 업무 범위 : 펌, 머리카락 자르기, 머리카락 모양내기, 머리피부 손질, 머리카락 염색, 머리 감기, 의료기기와 의약품을 사용하지 아니하는 눈썹 손질 등

💬 시험 수수료

- 필기 : 14,500원
- 실기 : 24,900원

💬 출제 경향

헤어샴푸, 헤어커트, 헤어펌, 헤어세팅, 헤어컬러링 등 미용 작업의 숙련도, 정확성 평가

💬 취득 방법

① 시행처 : 한국산업인력공단

② 시험과목

- 필기 : 1. 미용이론 2. 공중보건학 3. 소독학 4. 피부학 5. 공중위생법규
- 실기 : 미용 실무

③ 검정방법

- 필기 : 객관식 4지 택일형, 60문항(60분)
- 실기 : 작업형(2시간 25분)

④ 합격기준 : 100점 만점에 60점 이상

⑤ 응시자격 : 제한 없음

 상시시험 안내

💬 수험원서 접수방법

- 인터넷 접수만 가능
- 원서접수 홈페이지 : q-net.or.kr

💬 수험원서 접수시간

접수시간은 회별 원서접수 첫날 10:00부터 마지막 날 18:00까지

💬 수험원서 접수기간

- CBT 필기시험 : 연중 상시
- 실기시험 : 연중 상시

  ※ 필기·실기시험별로 정해진 접수기간 동안 접수하며 연간 시행계획을 기준으로 지사(출장소)의 세부시행계획에 따라 시행

💬 합격자 발표

CBT 필기시험	실기시험
수험자 답안 제출과 동시에 합격여부 확인	해당 실기시험 종료 후 다음 주 목요일 09:00에 합격자 발표 ※ 공휴일에 해당할 경우 별도 지정

- 인터넷(q-net.or.kr)에서 로그인 후 확인(발표일로부터 2개월간 안내)
- ARS 자동응답전화(1666-0510)에서 수험번호 누르고 조회(실기시험은 7일간 안내)
- CBT 필기시험은 시험 종료 즉시 합격여부가 발표되므로 별도의 ARS 자동응답전화를 통한 합격자 발표 미운영

미용사(일반) 실기 출제 기준

직무 분야	이용 · 숙박 · 여행 · 오락 · 스포츠	중직무 분야	이용 · 미용	자격 종목	미용사(일반)	적용 기간	2021. 1. 1. ~ 2021. 12. 31.

- 직무내용 : 고객의 미적 요구와 정서적 만족감 충족을 위해 미용기구와 제품을 활용하여 샴푸, 헤어 커트, 헤어 퍼머넌트 웨이브, 헤어 컬러, 두피, 모발관리, 헤어스타일 연출 등의 서비스를 제공하는 직무
- 수행준거 : 1. 커트의 기본을 알고 시술할 수 있다.
　　　　　 2. 퍼머넌트 웨이브의 기본을 알고 시술할 수 있다.
　　　　　 3. 세팅의 기본을 알고 시술할 수 있다.
　　　　　 4. 헤어 컬러의 기본을 알고 시술할 수 있다.
　　　　　 5. 두피 · 모발 상태에 따라 샴푸제를 선택하고 샴푸할 수 있다.
　　　　　 6. 두피의 유형과 모발 상태를 확인하고 관리를 할 수 있다.

실기검정방법	작업형	시험시간	2시간 30분 정도

실기과목명	주요 항목	세부 항목	세세 항목
미용 실무	1. 기본 헤어 커트	1. 헤어 커트 준비하기	1. 분무하기 전 마른 모발의 흐름, 굵기, 손상도, 볼륨감 등의 모발 및 두상의 상태를 파악하여 커트 계획을 세울 수 있다. 2. 커트 유형별 특징에 따라 커트 도구를 결정할 수 있다. 3. 두상의 골격 구조를 파악하고 커트의 기준라인을 정할 수 있다. 4. 헤어 커트 유형에 따라 모발의 수분 함량을 조절할 수 있다.
		2. 헤어 커트 시술하기	1. 일반 헤어 커트용 가위인 블런트 가위를 정확하게 사용할 수 있다. 2. 정확하고 올바른 자세로 커트할 수 있다. 3. 기본 헤어 커트를 위해 블로킹을 할 수 있다. 4. 기본 헤어 커트를 위해 슬라이스를 할 수 있다. 5. 기본 헤어 커트를 위해 시술 각도를 조절할 수 있다. 6. 원랭스, 그래듀에이션, 레이어 유형을 커트할 수 있다.
		3. 헤어 커트 마무리하기	1. 고객의 얼굴과 목 등에 묻은 잔여 머리카락을 제거할 수 있다. 2. 사용한 헤어 커트 도구와 시술한 주변을 즉시 정리 · 정돈할 수 있다. 3. 시술 후 고객 만족도를 파악하여 필요한 경우 수정 · 보완하는 헤어 커트를 할 수 있다. 4. 헤어 커트 유형에 적합한 도구와 기법으로 헤어스타일을 마무리할 수 있다.

실기과목명	주요 항목	세부 항목	세세 항목
미용 실무	2. 기본 헤어 퍼머넌트 웨이브	1. 기본 헤어 퍼머넌트 웨이브 준비하기	1. 고객에게 가운, 어깨보 등을 착용해 줄 수 있다. 2. 프레스 도구와 로드 및 펌제를 준비할 수 있다. 3. 모발에 사전처리를 할 수 있다. 4. 피부를 위한 보호제를 도포할 수 있다.
		2. 기본 헤어 퍼머넌트 웨이브 시술하기	1. 크로키놀식과 스파이럴식 등의 기법으로 기본 와인딩 작업을 할 수 있다. 2. 열기구 등을 사용하여 기본 프레스 작업을 할 수 있다. 3. 펌제인 1제와 2제를 정확하게 도포할 수 있다. 4. 펌제인 1제와 2제를 도포할 때 피부 보호를 위해 타월밴드를 할 수 있다. 5. 헤어 퍼머넌트 웨이브의 형성 정도를 파악하기 위해 중간테스트를 할 수 있다. 6. 헤어 퍼머넌트 웨이브 유형에 따라 중간 세척을 할 수 있다. 7. 헤어 퍼머넌트 웨이브 시술 촉진을 위해 가온기나 음이온기기 등을 사용할 수 있다. 8. 로드오프하여 마무리 세척을 할 수 있다.
		3. 기본 헤어 퍼머넌트 웨이브 마무리하기	1. 헤어 퍼머넌트 웨이브 유형에 따라 마무리를 위해 모발 잔여 수분 함량을 조절할 수 있다. 2. 헤어 퍼머넌트 웨이브 유형에 따라 헤어스타일 연출 제품을 사용하여 마무리할 수 있다.
	3. 헤어 스타일 연출	1. 블로 드라이하기	1. 모발의 수분 함량을 조절하여 블로 드라이를 시술할 수 있다. 2. 블로 드라이 시술 전후에 따라 제품을 사용할 수 있다. 3. 헤어스타일 디자인에 따라 블로 드라이 기기를 사용할 수 있다. 4. 헤어스타일 디자인에 따라 브러시와 빗의 종류를 선정하여 사용할 수 있다. 5. 블로 드라이 시술 후 헤어스타일을 마무리하여 완성할 수 있다.
		2. 헤어 마셀 웨이브하기	1. 헤어 마셀 웨이브 시술 전후에 모발에 적합한 제품을 선정하여 사용할 수 있다. 2. 헤어스타일 디자인과 모발 길이에 따라 헤어 마셀 웨이브에 필요한 마샬기의 종류를 선택할 수 있다. 3. 모발의 수분 함량을 조절하여 헤어 마셀 웨이브를 시술할 수 있다. 4. 헤어스타일 디자인과 모발 길이에 적합한 헤어 마셀 웨이브 기법으로 시술할 수 있다. 5. 헤어 마셀 웨이브 시술 후 헤어스타일을 마무리하여 완성할 수 있다.

실기과목명	주요 항목	세부 항목	세세 항목
미용 실무	3. 헤어 스타일 연출	3. 헤어 세트 롤러하기	1. 시술 목적을 고려하여 일반 헤어 세트 롤러 또는 전기 세트 롤러를 사용할 수 있다. 2. 모발의 수분 함량을 고려하여 헤어 세트 롤러로 와인딩할 수 있다. 3. 헤어스타일 디자인을 고려하여 와인딩 방향과 각도를 조절할 수 있다. 4. 헤어 세트 롤러를 제거한 후 스타일을 완성할 수 있다.
	4. 헤어 컬러	1. 색 선정/배합하기	1. 고객이 원하는 색상을 표현할 수 있는 제품과 색상을 선정하고 1제와 2제를 정확한 비율로 배합할 수 있다.
		2. 컬러 도포하기	1. 현재 모발의 상태에 맞는 도포 방법을 택하여 컬러를 도포할 수 있다. 2. 단일 컬러로 하는 버진헤어 염색, 재염색, 백모염색 등을 두상의 부위별 온도 특성을 고려하여 시술할 수 있다. 3. 모발의 손상 정도에 따라 전/후처리제를 도포할 수 있다. 4. 원하는 색상을 표현하기 위한 레벨별 탈색 및 염색제를 도포할 수 있다.
		3. 마무리 작업하기	1. 올바른 발색을 위해 제조사에서 제시한 프로세싱 타임을 정할 수 있다. 2. 샴푸 전 유화작업을 거쳐 컬러 제품을 깨끗이 샴푸할 수 있다. 3. 원하는 형태로 스타일링하여 마무리할 수 있다.
	5. 샴푸	1. 샴푸 준비하기	1. 두피·모발 상태나 시술 목적에 따라 샴푸제를 선택할 수 있다. 2. 모발 길이나 모량에 따라 샴푸제의 양을 조절할 수 있다. 3. 엉킨 모발의 정돈과 이물질 제거를 위해 사전 브러시를 할 수 있다. 4. 혈액순환 개선과 신진대사 촉진을 위해 두피 매니플레이션을 할 수 있다. 5. 고객 편의를 위해 고객에게 가운을 착용시키고 샴푸대와 수온을 조절할 수 있다.
		2. 샴푸 시술하기	1. 두피·모발 상태를 파악하여 샴푸할 수 있다. 2. 염색, 헤어 커트, 퍼머넌트 웨이브 전후 등 시술 목적에 따라 샴푸할 수 있다. 3. 샴푸 성분이 남지 않도록 페이스라인, 귀, 모발, 두피 등을 충분히 헹굴 수 있다. 4. 샴푸 후 모발 보호제 사용 여부를 판단하여 사용할 수 있다. 5. 고객의 불편사항을 수시로 점검하여 대처할 수 있다.

실기과목명	주요 항목	세부 항목	세세 항목
미용 실무	5. 샴푸	3. 샴푸 마무리하기	1. 페이스라인과 귀의 뒷부분에 남아있는 물기를 제거할 수 있다. 2. 모발의 물기 제거를 위해 타월 드라이를 할 수 있다. 3. 샴푸를 마친 후 다음 사용자를 위해 샴푸대 주변을 깨끗하게 정리할 수 있다. 4. 고객을 샴푸실에서 시술 장소로 안내할 수 있다.
	6. 두피·모발관리	1. 두피·모발 관리 준비하기	1. 두피·모발 상태 진단에 필요한 기기와 도구를 준비할 수 있다. 2. 문진, 시진, 촉진, 검진을 통해 고객의 두피·모발 상태를 분석할 수 있다. 3. 두피 유형에 따라 관리방법을 선택할 수 있다. 4. 모발 상태에 따라 관리방법을 선택할 수 있다. 5. 차 회 방문 시 시술에 반영할 수 있도록 두피·모발 분석카드를 작성할 수 있다.
		2. 두피 관리하기	1. 두피 유형에 따라 샴푸제를 선정하여 시술할 수 있다. 2. 두피 유형에 따라 스케일링 제품을 선정하여 시술할 수 있다. 3. 두피 스케일링 효과를 높이고 두피의 혈액순환을 돕기 위해 두피 매뉴얼 테크닉을 할 수 있다. 4. 영양 공급과 유·수분 균형 조절을 위해 팩과 앰플을 사용할 수 있다. 5. 두피 관리에 필요한 기기와 기구를 선택하여 사용할 수 있다.
		3. 모발 관리하기	1. 모발 상태와 관리방법에 따라 샴푸제를 선정하여 시술할 수 있다. 2. 모발 상태와 관리방법에 따라 관리제품을 도포한 후 핸들링할 수 있다. 3. 영양 공급과 유·수분 균형 조절을 위해 팩과 앰플을 사용할 수 있다. 4. 모발 관리에 필요한 기기와 기구를 선택하여 사용할 수 있다.
		4. 두피·모발 관리 마무리하기	1. 두피·모발 진단기를 사용하여 시술 전·후의 변화를 비교하여 고객에게 설명할 수 있다. 2. 두피·모발 상태에 따라 관리에 적합한 제품을 사용하여 마무리할 수 있다. 3. 관리 종료 후 헤어스타일을 연출하여 마무리할 수 있다. 4. 건강한 두피·모발 상태 유지를 위한 관리법을 고객에게 설명할 수 있다.

미용사(일반) 실기시험 구성

💬 실기과제 선정내용(2시간 25분)

	과제명	시간	비고(선정 세부 과제)
1	두피 스케일링 & 백 샴푸	25분	백 샴푸(Back shampoo)
2	헤어 커트	30분	이사도라, 스파니엘, 그래듀에이션, 레이어드
3	블로 드라이 & 롤 세팅	30분	인컬(스파니엘), 아웃컬(이사도라), 인컬(그래듀에이션), 롤컬(레이어드)
	재커트	15분	레이어드형은 재커트 없음
4	헤어 퍼머넌트 웨이브	35분	기본형(9등분), 혼합형
5	헤어 컬러링	25분	주황, 초록, 보라

※ 각 과제에서 비고란의 세부 과제 중 1과제가 선정됩니다.

※ 각 과제별 배점은 각 20점입니다.

💬 조별 집행 안내

– 실기시험 과제 집행(예시)

구분	1교시	2교시	3교시	4교시	5교시
1조	두피 스케일링 & 샴푸	헤어 커트 (이사도라)	블로 드라이 (아웃컬)	헤어 컬러링 (주황)	[동일] [재커트 15분 후] 헤어 퍼머넌트 (기본형)
2조	헤어커트 (이사도라)	두피 스케일링 & 샴푸	블로 드라이 (아웃컬)	헤어 컬러링 (주황)	
:	:	:	두피 스케일링 & 백 샴푸	:	

※ 과제순서는 조별순환을 원칙으로 하며, 시험장의 샴푸대 개수에 다라 수용 인원을 고려하여 과제를 수행합니다.

※ 1~5교시 세부과제 내용 및 순서는 시행 장소, 조별 인원(시행 인원) 등에 따라 변경될 수 있습니다.

미용사(일반) 실기 재료 목록

번호	지참 공구명	규격	단위	수량	비고
1	모델	모발 길이(귀 밑 5cm 이상, 네이프라인 5cm 이상)의 만 14세 이상 모델	명	1	두피 스케일링 및 백 샴푸 시
2	위생복		벌	1	흰색, 시술자용 (1회 용 가운 허용 불가)
3	마네킹(18인치 이상) 또는 덧가발(민두 포함)	모발이 달린 마네킹 (총 인모 중량 160g 정도)	세트	1	모질은 인모인데 양질인 것, 어깨 없는 스타일
4	홀더	미용 시술용	세트	1	–
5	롤러	대, 중, 소 벨크로 타입 (일명 찍찍이 롤)	개	31개 이상	(총 31개 이상)
6	가위	헤어 커트용 미용 가위	개	1	–
7	고무밴드	퍼머넌트 웨이브용	개	60개 이상	2중 대형 밴딩용, 노란색 (총 60개 이상)
8	굵은빗	미용 시술용	개	1	–
9	꼬리빗	퍼머넌트 웨이브용	개	1	–
10	분무기	미용 시술용	개	1	–
11	브러시	미용 시술용	개	1	–
12	타월	미용 시술용	장	6장 이상	시술 과정에 지장이 없는 수량 및 크기
13	탈지면	두피 스케일링용 7×10cm 이상	개	2개 이상	–
14	로드	퍼머넌트 웨이브용	개	필요량	6~10호
15	엔드 페이퍼	퍼머넌트 웨이브용	장	60장 이상	–
16	대핀(핀셋)	대형(모발 고정용)	개	5개 이상	
17	쿠션(덴맨) 브러시	두피용	개	1	브러싱용
18	커트빗	미용 시술용	개	1	–
19	우드스틱	미용 시술용	개	2개 이상	
20	산성염모제 (빨강, 노랑, 파랑)	크림 타입, 색상별 각 1개	개	각 1개	덜어오거나 미리 섞어오는 것 제외
21	염색 볼	미용 시술용	개	필요량	
22	염색 브러시	미용 시술용	개	필요량	
23	아크릴 판	미용 시술용	개	필요량	투명색
24	호일	미용 시술용	개	필요량	
25	일회용 장갑	미용 시술용	개	1개 이상	

Exam Information

번호	지참 공구명	규격	단위	수량	비고
26	티슈		개	필요량	
27	신문지		장	필요량	
28	투명 테이프	폭 2cm 이상	개	1	헤어피스 고정용
29	물통		개	필요량	헹굼용
30	헤어 드라이어	1.2kw 이상	개	1	
31	샴푸제	두피 · 모발용	개	1	덜어오는 것 제외
32	린스제(트리트먼트제)	두피 · 모발용	개	1	덜어오는 것 제외
33	스케일링제	두피용	개	1	덜어오는 것 제외
34	위생봉지(투명비닐)		개	1	쓰레기 처리용
35	스케일링 볼	두피 · 모발용	개	1	
36	롤 브러시	블로 드라이용	개	필요량	
37	헤어망	롤 세팅용		1	그물망
38	헤어피스(시험용 웨프트)	7×15cm 이상(15g 내외)	개	1	명도 7레벨 15g 내외로 모량이 적당한 것

※ 마네킹은 사전에 물리·화학적인 처리 불가, 구입 상태(가공하지 않은 상태) 그대로 지참해야 합니다.

※ 공개 문제 및 수험자 지참 준비물에 언급된 도구 및 재료 중 기타 실기시험에서 요구한 작업 내용에 영향을 주지 않는 범위 내에서 수험자가 헤어 미용 작업에 필요하다고 생각되는 재료 및 도구는 추가 지참할 수 있습니다.

※ 헤어컬러링 시 포일은 사전에 수험자의 편의에 따라 알맞은 사이즈로 접어 오거나 잘라 준비 가능합니다.

※ 수험자의 복장 상태 중 위생복 속 반팔 또는 긴팔 티셔츠가 밖으로 나온 것도 감점 사항에 해당됨을 양지 바랍니다.

※ '두피 스케일링 및 백 샴푸' 과제 시 모든 수험자는 대동한 모델에 작업해야 하고 모델을 대동하지 않을 시에는 '두피 스케일링 및 백 샴푸' 과제를 응시할 수 없습니다.

> ※ 모델 기준 : 만 14세 이상의 신체 건강한 남, 여(연도 기준)로 모발 길이가 귀 밑 5㎝ 이상, 네이프 라인 5㎝ 이상인 자
>
> ※ 수험자가 동반한 모델도 신분증을 지참하여야 하며, 공단에서 지정한 신분증을 지참하지 않은 경우, 모델로 시험에 참여가 불가능합니다.

※ 큐넷(www.q-net.or.kr) 자료실 내 2021년 미용사(일반) 공개 문제 내의 수험자 유의사항(전 과제 공통) 등 관련 자료를 사전에 반드시 확인하여 준비하시기 바랍니다.

※ 적용 시기: 2021년 상시 실기검정 제1회 시행 시부터

미용사(일반) 실기 수험자 유의사항

아래 사항을 준수하여 실기시험에 임하여 주십시오. 만약 아래 사항을 지키지 않을 경우, 시험장의 입실 및 수험에 제한을 받는 불이익이 발생할 수 있다는 점을 인지하여 주시고, 감독위원의 지시가 있을 때에는 다소 불편함이 있더라도 적극적으로 협조하여 주시기 바랍니다.

1. 수험자와 모델은 감독위원의 지시에 따라야 하며, 지정된 시간에 시험장에 입실해야 합니다.
2. 수험자는 수험표와 신분증(본인임을 확인할 수 있는 사진이 부착된 증명서)을 지참해야 합니다.
3. 수험자는 반드시 반팔 또는 긴팔 흰색 위생복(일회용 가운 제외)을 착용하여야 하며, 복장 등에 소속을 나타내거나 암시하는 표식이 없어야 합니다.
4. 수험자 또는 모델은 스톱워치나 핸드폰을 사용할 수 없습니다.
5. 수험자와 모델은 눈에 보이는 표식(문신, 헤나, 네일 컬러링, 디자인 등)이 없어야 하며, 표식이 될 수 있는 액세서리(반지, 시계, 팔찌, 발찌, 목걸이, 귀걸이 등)를 착용할 수 없습니다.
6. 수험자와 모델의 머리카락 고정용품(머리핀, 머리망, 고무줄 등)을 착용할 경우 검은색만 허용합니다.
7. '두피 스케일링 및 백 샴푸' 과제 시 모든 수험자는 함께 대동한 모델에게 작업해야 하고 모델을 대동하지 않을 시에는 '두피 스케일링 및 백 샴푸' 과제를 응시할 수 없으며, 채점 대상에서 제외됩니다.

> ※ 모델 기준 : 만 14세 이상의 신체 건강한 남, 여(연도 기준)로 모발 길이가 귀 밑 5cm 이상, 네이프 라인 5cm 이상인 자
>
> ※ 수험자가 동반한 모델도 신분증을 지참하여야 하며, 공단에서 지정한 신분증을 지참하지 않은 경우, 모델로 시험에 참여가 불가능합니다.

8. 과정별 요구사항에 여러 가지 과제 유형이 있는 경우에는 반드시 시험위원이 지정하는 과제 형으로 작업해야 합니다.
9. 매 작업과정 시술 전에 준비 작업시간을 부여하므로 시험위원의 지시에 따라 행동해야 하고, 각종 도구를 잘 정돈한 다음 시술에 임하여야 합니다.
10. 주어진 헤어 커트 과제에 따라 그다음 작업(블로 드라이 및 롤 세팅)의 형이 정해지며, 그 순서와 내용은 다음과 같습니다.
    ※ 이사도라 → 블로 드라이(아웃컬), 스파니엘 → 블로 드라이(인컬),
    그래듀에이션 → 블로 드라이(인컬), 레이어드 → 롤컬
11. 블로 드라이 및 롤 세팅 과제 종료 후 헤어 퍼머넌트 와인딩 전에 무리 없는 작품의 연결을 위해 재커트를 15분 동안 실시해야 합니다(단, 레이어드 커트일 경우에는 롤 세팅 작업을 위한 재커트를 일절 허용하지 않습니다).

12. 시험 종료 후 헤어피스 이외에 지참한 모든 재료는 수험자가 가지고 가며, 작업대 및 주변을 깨끗이 정리하고 퇴실하도록 합니다.

13. 시험 종료 후 작업을 계속하거나 작품을 만지는 경우는 미완성으로 처리되며 해당 과제를 0점으로 처리합니다.

14. 작업에 필요한 가위 등 각종 도구를 바닥에 떨어뜨리는 일이 없도록 하여야 하며, 특히 가위 등을 조심성 있게 다루어 안전사고가 발생되지 않도록 주의해야 합니다.

15. 다음의 경우에는 득점과 관계없이 채점 대상에서 제외됩니다.
    ① 마네킹 및 헤어피스를 사전에 미리 시술하여 시험에 임하는 경우
    ② 시험의 전체 과정을 응시하지 않은 경우
    ③ 시험 도중 시험장을 무단으로 이탈하는 경우
    ④ 부정한 방법으로 타인의 도움을 받거나 타인의 시험을 방해하는 경우
    ⑤ 무단으로 모델을 수험자 간에 교환하는 경우
    ⑥ 국가자격검정 규정에 위배되는 부정행위 등을 하는 경우
    ⑦ 수험자가 위생복을 착용하지 않은 경우
    ⑧ 마네킹을 지참하지 않은 경우

16. 아래 사항의 경우 시험 응시가 제외됩니다.
    ① 모델을 데려오지 않은 경우

17. 아래 사항에 대항하는 경우 해당 과제를 0점 처리합니다.
    ① 수험자 유의사항 내의 모델 부적합 조건에 해당하는 모델의 경우
    ② 헤어컬러링 작업 시 헤어피스를 2개 이상 사용할 경우

18. 득점 외 별도 감점 사항은 다음과 같습니다.
    ① 복장 상태, 사전 준비상태 중 어느 하나라도 미준비하거나 사전준비 작업이 미흡한 경우
    ② 헤어 퍼머넌트 와인딩 기본형 작업에 사용한 로드가 55개 미만인 경우(단, 로드 개수가 다른 것은 오작이 아님)
    ③ 롤 세팅 작업 시 사용한 롤러 개수가 31개 미만인 경우(단, 배열된 롤러 크기가 다른 것은 오작이 아님)
    ④ 필요한 기구 및 재료 등을 시험 도중에 꺼내는 경우
    ⑤ 백 샴푸 및 린스(헤어 트리트먼트) 작업을 고객의 옆(사이드)에서 진행하는 경우
    ⑥ 헤어컬러링 작업 시 도포된 염모제를 세척하지 못한 경우

목차

PART 01 스케일링 및 백 샴푸

PART 02 헤어 커트

PART 03 블로 드라이 스타일

Contents

PART 1

스케일링 및 백 샴푸

Section 1 두피 스케일링 및 브러싱

1 브러싱(Brushing)

미용술에서 두부 기술의 최초 단계에 해당하는 기술이다.

1) 브러싱의 목적

① 각질세포, 비듬, 분비물, 외부로부터 먼지 등을 제거한다.

② 두피에 자극과 쾌감을 주어 미용 효과를 높인다.

2) 브러싱의 자세

① 모델의 뒤로 주먹 하나 정도의 거리를 두고 선다.

② 양발을 벌려 체중의 중심을 잡고 똑바로 서서 행한다.

③ 무릎은 자유롭게 펴고, 팔은 두피에 평행하도록 하여 위치를 안정시킨다.

④ 시험자는 모델이 앉아 있는 위치보다 앞으로 나가지 않도록 한다.

> ✓ 모델을 껴안는 듯한 자세나 위에서 덮어씌우는 듯한 자세는 피한다. 이러한 자세는 모델에게 불쾌감을 줄 수 있다. 또한 모델에게 너무 가까이 다가서면 작업 시 몸 전체의 움직임이 원활하지 못하다.

3) 브러싱 방법

두발의 이물질을 제거할 시 브러시 운행은 두개피의 림프절인 백회를 향한다. 이는 두개피내 독소물질을 제거하는 효과를 동시에 갖기 위함이다.

(1) 원웨이 브러싱(One-way brushing)

① 쿠션 브러시를 빗살 바깥쪽에서 안쪽으로 둥글게 회전시키면서 두피 전체를 브

러싱한다.

② 얼굴 발제선에서 백회(두개피 열을 제거하고 혈액순환을 촉진)를 향해 브러시를 한다.

- 두상의 오른쪽은 시계 방향으로, 전두부 정면(전발)에서 귀 있는 곳까지 동작을 연결하여 이어 사이드(양빈)에서 네이프 사이드, 네이프라인(포)까지 백회(곡)를 향해 리드미컬하게 업세이핑한다.
- 두상의 왼쪽은 시계 반대 방향으로, 전두부 정면에서 왼쪽 귀 있는 곳까지 동작을 연결하여 네이프 사이드에서 네이프라인(목선)까지 백회를 향해 리드미컬하게 업세이핑한다.

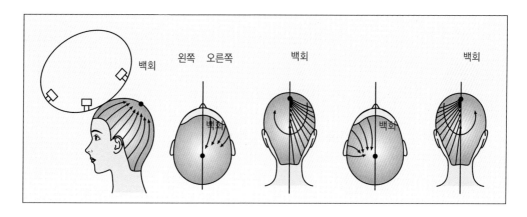

(2) 롱 헤어 브러싱

긴 두발은 브러싱이 불충분하기 쉬우므로 주의한다.

① 아웃라인의 발제선 두발을 안쪽 두정부 내 곡으로 돌려 빗어 모다발을 모은다.

② 센터 파트에서 양쪽 사이드까지 두피에 눌러 미는 식으로 닿게 빗질하면서 업세이핑한다.

③ 5cm 정도 폭을 나누면서 두피에 닿도록 겹치기로 행하며 2회 반복 브러싱한다.

- 오른쪽은 시계 방향으로 전두부의 전발, 측두부의 양쪽빈, 후두부의 포는 두정부의 곡(백회)을 향하도록 업세이핑한다.
- 왼쪽은 시계 반대 방향으로 전발, 양쪽의 빈, 포와 곡을 향하도록 업세이핑한다.

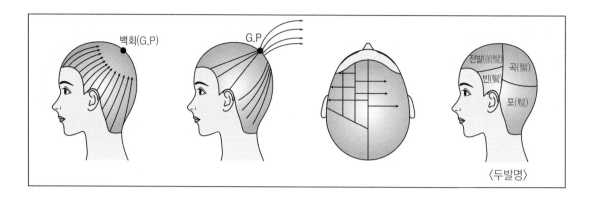

〈두발명〉

2 스케일링(Scaling)

두피에 피지와 각질 등의 생리물질이 쌓이면 산화되기 쉽기 때문에 세균과 곰팡이가 서식하여 염증이 생길 수 있다. 스케일링은 두피 내 모공의 피지와 노폐물을 제거할 수 있도록 스케일링제를 도포함으로써 딥클렌징하는 과정이다.

✓ 모델의 어깨, 무릎, 얼굴을 덮을 수 있는 타월을 준비한다.
탈지면(가로 길이 7cm, 세로 길이 10cm 이상)을 우드스틱에 말아서 스케일링 면봉을 만든다.

1) 두피 상태에 따른 스케일링제

두피 유형	두피특성과 관리방법	비고
지성	• 피지와 땀이 과다분비되어 두피가 지나치게 번들거리며, 두피톤은 황색을 띤다. • 과다한 피지를 제거하기 위해 피지 균형 제품을 사용한다.	일반적으로 스케일링 제품은 멘톨(Menthol)이나 페퍼민트(Pepermint) 등의 천연아로마와 계면활성제가 포함된다.
비듬성	• 비듬 또는 각질이 많은 두피로서, 청결하게 하고 건조해지지 않도록 유·수분 밸런스를 유지한다. • 비듬균과 세균 및 염증 등을 제거할 수 있는 제품을 사용한다.	
민감성	• 각종 세균이 두피 내에 기생하거나 화학제품에 의한 자극이 원인으로, 전체적으로는 붉으며 부분적으로는 모세혈관 확장에 따라 열을 동반하는 혈액순환 저하가 나타난다. • 두피를 안정시키고 혈액순환을 촉진하기 위한 활성성분과 유·수분을 고려한 제품을 사용한다.	

2) 스케일링 제품의 종류

제품 성상	특징
액상	가벼운 각질 및 피지를 제거할 때 사용한다.
겔	일반적으로 각질 및 피지를 제거할 때 사용한다.
크림	심한 각질 및 피지를 제거할 때 사용하며, 모발에 묻을 수 있으므로 두피에 정확히 도포해야 한다.

3) 스케일링 방법

블로킹내 작업 순서는 두상의 오른쪽 전두부 → 오른쪽 후두부 → 왼쪽 후두부 → 왼쪽 전두부(시계방향)로 스케일링한다.

프론트 정중선을 기준으로(그림 참조바람)

① 오른쪽 전두부는 정중선과 평행하도록 반드시 섹션 1~1.5cm 정도 파팅한다. 두피면과 면봉이 평행되게 두개곡면을 따라 라운드가 되도록 파팅한 선에 하나·둘·셋·넷의 동작으로 가볍게 문지른다.

- 파팅은 각 블로킹의 상단에서 하단으로 이어서 스케일링을 이행한다.
- 작업순서는 그림에서와 같이 ① → ② → ③ → ④로 향한다.

② 백정중선을 기준으로 오른쪽 후두부 상단에서 후두부 하단으로 이어서 면봉작업을 한다.

③ 왼쪽 후두부 상단에서 후두부 하단으로 이어서 면봉작업을 한다.

④ 왼쪽 전두부 상단에서 측두부 하단으로 이어서 면봉작업을 한다.

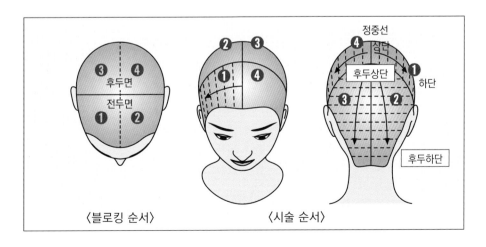

〈블로킹 순서〉　〈시술 순서〉

Section 2 샴푸 및 린스의 실제

1 **샴푸와 린스 시 주의사항**

1) 시험자의 준비사항

① 손톱을 짧게 자른다.

② 반지, 목걸이, 귀걸이 등의 액세서리를 제거한다.

③ 모델의 두발길이는 목밑·귀밑 5cm 이상으로 한다.

④ 시험자는 머리띠, 머리핀, 머리망, 고무줄 등은 검은색으로 사용한다.

2) 시술 시 주의사항

① 두피까지 물이 고루 퍼지도록 충분히 세척한다.

② 적당한 속도와 리듬을 가진다.

③ 발제선 부분(이마, 귀 뒤와 안, 네이프라인 등)을 섬세하고 깨끗하게 헹군다.

④ 옷깃이 젖지 않도록 주의한다.

⑤ 샴푸 시 물의 온도(38~40℃)는 모델에게 동의를 얻어 조절한다.

⑥ 샤워기의 한쪽 끝을 손가락으로 잡아서 온도 변화에 항상 유의한다.

⑦ 수분을 흡수한 두발은 팽윤되어 있어 비벼 씻으면 모표피를 손상시키므로 주의한다.

⑧ 샴푸제 또는 린스제의 용량이 지나치지 않게 주의한다.

⑨ 젖은 두발을 타월로 감싸서 상하, 좌우 방향으로 물기를 완전히 건조시킨다.

2 **샴푸 매니플레이션의 실제**

(1) 샴푸대에 모델을
편안하게 눕히는
동작

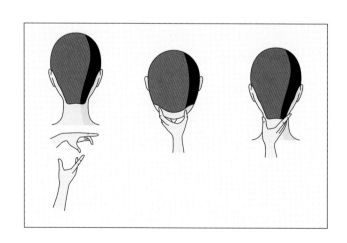

모델의 어깨를 가볍게 받치고, 오른손의 엄지, 검지, 중지 손가락으로 'U'자형을 만들어 목덜미의 두발을 밑에서부터 들어 올리면서 목에 살짝 댄다. 왼손의 약지와 엄지로 이마를 살짝 잡아서 샴푸볼 내로 자연스럽게 모델을 눕힌다.

(2) 얼굴에 타월 씌우기

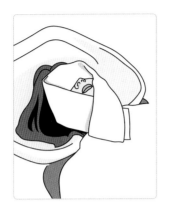

• 물과 샴푸액이 얼굴에 튀는 것을 막기 위해 Face mask를 사용하여 얼굴면을 덮는다.

(3) 수온 조절하기 및 플레인 샴푸하기

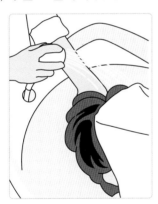

• 시술자는 샤워기의 밸브를 차가운 쪽에서 따뜻한 쪽(온수)으로 틀면서, 오른손으로 샤워기를 조절하고 왼손 손목에 물의 온도를 측정한 후 모델에게 확인한다. 앞이마 발제선에서부터 두발과 두피를 적당한 온수(38~40℃)로 골고루 충분히 적신다(샤워기를 두피에 가깝게 하는 편이 수압도 있고, 모델에게 물을 충분하게 사용하는 것처럼 느껴지며, 지압 효과도 있다).

(4) 샴푸제 양 조정 및 도포하기

적절한 양의 샴푸(약 5g 정도)를 양 손바닥과 손가락을 사용하여 <u>두피에 골고루 펴바른다.</u> 그림에서와 같이 전두부, 측두부, 두정부, 후두부 순으로 도포한다(샴푸제는 손바닥에 비벼서 사용하거나 모발 겉면에 도포해서는 안된다).

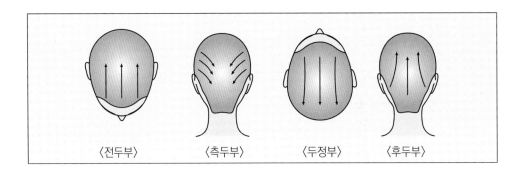

〈전두부〉　　　　〈측두부〉　　　　〈두정부〉　　　　〈후두부〉

(5) 문지르기

- 오른손으로 발제선의 오른쪽 귀 뒷부분에서 지그재그로 문지르고, 왼손은 두상 이 흔들리지 않도록 고정시켜 준다. 이 같은 동작을 3번 정도 반복하며 Ear to ear, Golden part까지 연결한다(오른쪽 → 왼쪽 → 오른쪽).
- 문지르기 동작이 끝나면 반드시 두발을 훑어 내리는 동작으로 쓸어내린다.

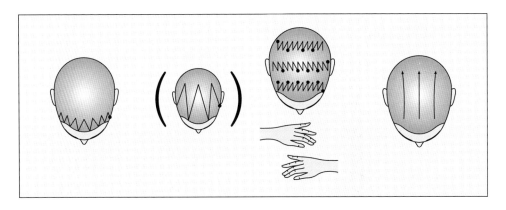

- 후두부는 왼손을 돌려 무게를 받치듯이 두상을 조금 들어 올리고 오른손으로 지그 재그 방식으로 좌측 Ear part에서 우측 Ear part를 따라 문지르기 한다.

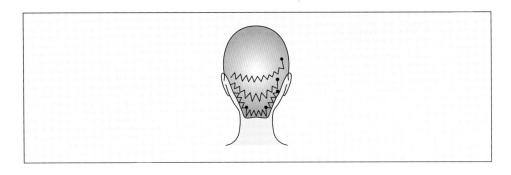

(6) 지그재그하기

- 전두부와 두정부에 왼손과 오른손으로 양측면의 E.P에서 T.P까지, E.P에서 G.P까지, E.P에서 B.P까지 지그재그한 후 좌우의 Nape side line에서 시작하여 지그재그형으로 Back part에서 만난다(하나의 동작을 3번 정도 왕복한다).

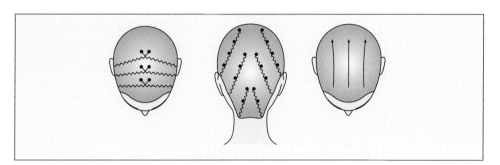

(7) 양손 교차하기

- 두개피부 전체의 긴장을 풀어주는 식으로 양손으로 교차시켜 매니플레이션한다.
- 양손 교차하기가 끝나면 반드시 훑어주기를 한 후, 후두부는 문지르기 방식으로 지그재그 매니플레이션한다.

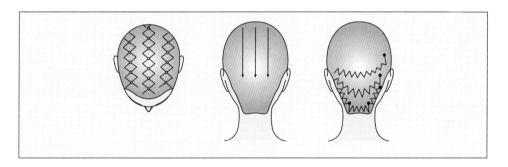

(8) 튕겨주기

- 양쪽 손가락의 완충면을 이용하여 두개피부를 집어서 가볍게 튕겨준다.

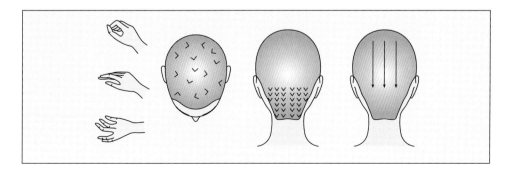

(9) 훑어주기

- 두발이 당겨서 아프지 않도록 주의하여 전발, 포
  등에 묻어 있는 거품을 두발 끝으로 밀어내서 제
  거한다.

(10) 헹구기

- 시술자의 손에 묻은 거품을 씻어내고 난 후 모델의 이마 발제선에서 시작하여 측면
  후두부까지 깨끗이 헹구어 낸다. 샴푸 시 3~5분의 시간이 소요된다.

③ 컨디셔너 매니플레이션의 실제

샴푸제를 말끔히 헹군 후 린스제로 매니플레이션한다. '감는다'는 뜻의 샴푸 전(全) 과정
을 통해 이물질을 제거한다. 그 후에 행하는 '헹군다'는 뜻의 린스 전(全) 과정은 빗질, 정
전기 방지, 두발 영양 보충, 알칼리화된 두발의 중화 등 이미지가 내포된 작업과정이다.

(1) 린스제를 5g 정도 왼손에 담고 오른손으로 찍어 두발 가운데를 갈라 골고루 전두부
　→ 측두부 → 후두부 순으로 도포한다.

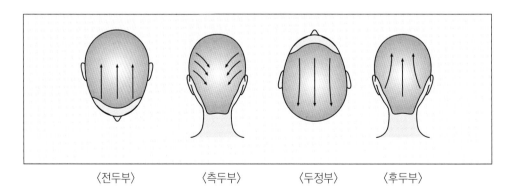

〈전두부〉　　　〈측두부〉　　　〈두정부〉　　　〈후두부〉

(2) 발제선에서부터 나선형의 원을 만들면서 서핑쿨러 동작 기법으로 하나의 동작을 3번 정도 반복하여 매니플레이션한다.

- 서핑쿨러 동작이 끝나면 두발을 훑어 내리는 동작으로 쓸어내린다.

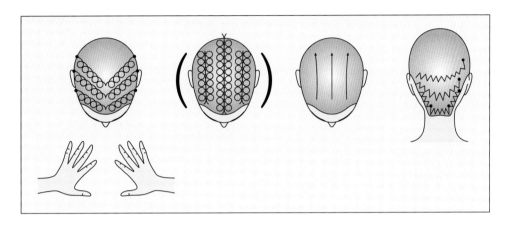

(3) 센터 포인트에서 탑 포인트를 지나 골덴 포인트, 후두부까지, 즉 정중선을 향해서 지그재그 기법으로 하나의 동작을 3회 반복한다.

- 동작에 의해 손이 가지 않은 측두부쪽은 오른손, 왼손 모두 같은 동작(지그재그)으로 손이 미치는 범위 내에서 골고루 매니플레이션한다.

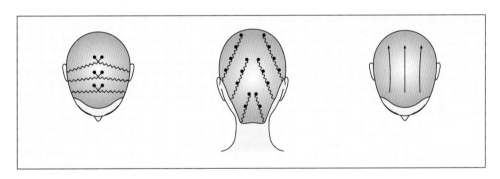

(4) 두상 전체의 긴장을 풀어주는 식으로 양손을 교차시켜 하나, 둘, 셋, 넷의 단계적인 동작으로 손가락을 엇갈리게 넣어 매니플레이션한다. 네이프 포인트까지 동작이 끝나고 나면 항상 위에서 아래로 두발을 훑어 내린다.

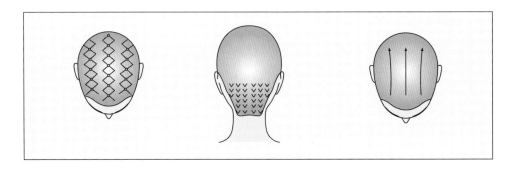

(5) 양손의 손가락 완충면을 이용하여 두피를 집어서 같은 포인트에 4번 정도 반복하여 가볍게 튕겨준다. 네이프라인까지 다 튕긴 후 두발을 쓸어내린다.

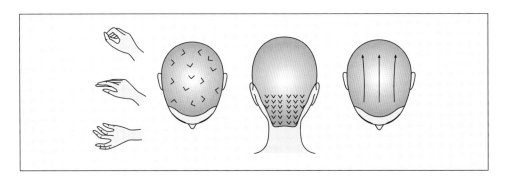

(6) 지정된 룰 없이 가볍게 두상 전체를 한 번씩만 튕겨준다.

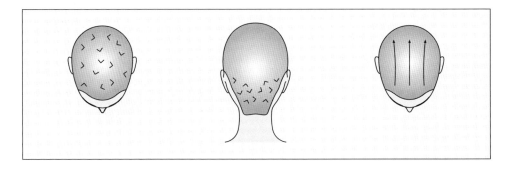

(7) 두발을 정돈하고 난 뒤 지압점을 찾아 지압을 해준다.

- 지압점 ① C.P(신정) → ② T.P(전정) → ③ G.P(백회) → ④ B.P → ⑤ S.P(현로) → ⑥ E.S.C.P(곡빈) → ⑦ E.B.P(솔곡)를 지압하고 다섯 손가락으로 ⑧ 두상 전체를 끌어 올리듯 2~3번 정도 가볍게 쓸어준다. ⑨ N.P(아문)에서 ⑫ N.S.P까지 두 마디 위를 네 마디(완골 → 풍지 → 천주 → 아문 → 풍부 → 뇌호)로 갈라 압력을 넣은 후 ⑫(완골)에서 다시 역방향으로 엄지와 약지로 가볍게 압력을 넣는다.

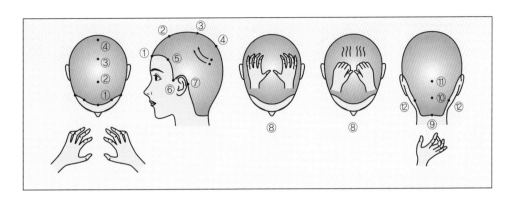

(8) 역으로 ⑬ E.S.C.P에서 시작하여 ⑭ S.P→ ⑮ C.P→ ⑯ T.P→ ⑰ G.P까지 한 지점씩 지긋이 누른 상태로 3번 정도 돌리면서 튕겨준 후 두발을 위에서 아래로 쓸어 준다.

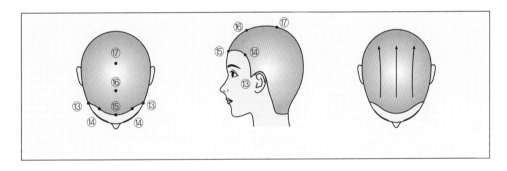

(9) 가볍게 두상 전체의 두피를 손가락 완충면으로 가볍게 튕겨준다.

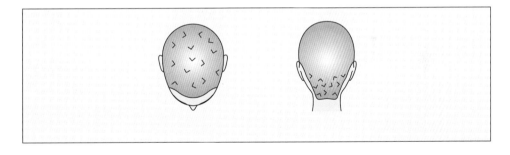

(10) 매니플레이션이 끝난 후 샤워기를 발제선부터 두피 가까이 대고, 손동작으로 문지르면서 말끔히 헹군다. 마무리를 위해 이마, 목선, 귀 등의 발제선을 중심으로 섬세하게 헹군다.

Section 3 스케일링 & 샴푸 시 요구사항 및 유의사항

내용 설명 중 '반드시'라는 문맥은 꼭 수험자가 지켜야 할 사항이므로 유의해야 한다.

1 두피 스케일링 및 사전 브러싱

1) 샴푸 및 스케일링 준비 시 요구사항

① 두피 스케일링 및 샴푸에 필요한 도구 및 재료 준비하기

- 타월, 스틱, 화장솜, 브러시, 스케일링 볼 등을 위생적으로 준비한다.

② 스케일링에 사용할 면봉 스틱 만들기

- 솜을 스틱에 감을 때 적당한 길이와 두께로 정확하게 깨끗이 만든다.

> ✓ 준비 및 스케일링 시 유의사항**(감점처리됨)**
>
> ① 도구 및 재료 준비가 작업 절차에 따라 완벽하지 못할 때
> ② 스케일링 면봉 처리 시 화장솜이 스틱 밖으로 튀어나오거나 두께가 적절하지 못할 때

2) 사전 브러싱(원웨이 브러싱)

브러싱은 반드시 백회(G.P) 방향으로 해야 한다.

① 브러싱 부위는 두상 전체를 대상으로 한다.

- 센터 파트를 경계로 오른쪽 전두부의 페이스라인을 따라 백회를 향해 브러싱한다.
- 오른쪽 후두부 발제선을 따라 네이프라인까지 연결되도록 백회를 향해 브러싱한다.
- 왼쪽 전두부의 발제선을 따라 백회를 향해 브러싱한다.
- 왼쪽 후두부 발제선을 따라 네이프라인까지 연결되도록 백회를 향해 브러싱한다.

② 브러싱 동작은 모델이 편안함을 갖도록 바른 자세와 정확한 동작을 취한다.

- 브러시는 두상에 따라 빗살을 밖에서 안으로 라운드를 그리듯 리드미컬하게 운행한다.

> ✓ 브러싱 부위 및 동작 시 유의사항**(감점처리됨)**
>
> ① 브러싱은 센타파트를 중심으로 오른쪽은 시계방향, 왼쪽은 시계반대 방향으로서의 동작이 숙련되지 못할 때
> ② 브러시 동작이 두상 전체에서 백회를 향해 골고루 취해지지 않았을 때
> ③ 모델이 불편함을 느낄 때

3) 스케일링하기

스케일링제 도포의 첫 번째 동작은 블로킹 영역의(가로세로) 선인 발제선을 반드시 문지르기 도포한 후 1~1.5cm 간격으로 섹션하여 작업한다.

① 면봉 처리된 스틱에 스케일링제를 묻혀 둥근 두상면에 맞닿을 수 있도록 두상곡면과 평행하게 눕혀서 도포한다.

- 스케일링 볼에 스케일링제를 1회 사용분으로 덜어 사용한다.
- 두상곡면에 따라 면봉스틱을 두피에 밀착시키기 위해 눕혀서 사용한다.
- 스케일링제 적용 시에도 하나·둘·셋·넷 왔다 갔다의 면봉 문지르기 동작을 취한다.

② 스케일링 도포 간격은 1~1.5cm로 파팅한다.

> ✓ 스케일링 시 유의사항(감점처리됨)
>
> ① 스케일링 볼에 사용할 1회분의 제품 양에 대한 측정이 부정확할 때
> ② 블로킹 영역 내 도포 간격(섹션 1~1.5cm)이 정확하지 않을 때
> ③ 면봉스틱 잡은 손동작과 스케일링제가 두피에 충분히 도포되지 않았을 때

2 샴푸 시술

샴푸는 반드시 2번 해야 한다. 이는 전처리로써 애벌샴푸(Pre shampoo)와 본 샴푸로 구별된다.

(1) 타월을 사용하여 모델의 어깨를 감싸고 무릎을 덮는다.

(2) 샴푸대에 모델을 편안하게 눕힌 후 타월을 이용하여 얼굴에서의 눈을 덮는다.

　① 샴푸대에 누운 모델에게 불편하지 않은지 확인한다.

　② 시험자는 모델을 샴푸대에 눕히는 동작을 능숙하게 한다.

　③ 모델의 얼굴 위에 삼각형으로 만든 타월을 호흡에 지장이 없도록 하여 올린다.

(3) 수온(38~40℃)과 수압을 조절한 후 두발을 적신다.

　① 물의 온도 조절은 시험자의 손으로 확인한 후 샤워기 수압을 조절한다.

　② 모델의 두발에 샤워기를 댄 후 물의 온도를 모델에게 확인한다.

　③ 두피 및 두발(두개피)을 물로 충분히 적시면서 헹군다.

(4) 모델의 두발 모량과 길이에 맞게 적당량의 샴푸제를 도포한다.

- 샴푸제의 거품이 모자라거나 지나치지 않도록 샴푸제의 양을 조절한다.

(5) 샴푸 기본동작은 반드시 5가지 이상의 매니플레이션 단계가 골고루 들어가도록 한다.

    ① 문지르기, 지그재그하기, 양손 교차 사용하기, 튕겨주기, 훑어주기 등의 단계의 동작을 절차에 맞게 고루 적용해야 한다.

    ② 하나의 기본동작은 하나·둘·셋·넷 정도 반복 적용되도록 두상 전체에 행한다.

    ③ 한 단계가 끝나면 두발을 위에서 아래로 훑어 내린 후 다음 동작으로 진행한다.

    ④ 연속된 동작으로 리드미컬한 매니플래이션을 행한다.

(6) 전처리 샴푸와 본처리 샴푸가 끝나면 두발과 페이스라인에 거품이 남지 않도록 충분히 헹군다.

> ✓ **샴푸 시술 시 유의사항(감점처리됨)**
> ① 타월을 이용하여 고객의 어깨, 무릎, 얼굴을 감싼 상태가 미숙할 때
> ② 모델을 샴푸대에 눕히는 자세가 숙련되지 않았을 때
> ③ 샤워기의 수압 조절과 물의 온도 체크가 미숙할 때
> ④ 충분히 두발을 물로 헹구지 않고 샴푸제를 도포할 때
> ⑤ 샴푸제 양을 지나치거나 부족하게 하는 등 거품을 다루는 기술이 부족할 때
> ⑥ 샴푸 시술 시 5가지 샴푸 테크닉이 들어가지 않았을 때
> ⑦ 샴푸 시술 시 샴푸 테크닉의 기술이 미숙할 때
> ⑧ 샴푸 테크닉 후 헹굼이 부족할 때
> ⑨ 샴푸 작업을 두번(애벌샴푸 후 본처리 샴푸)의 과정으로 하지 않을 때

3 컨디셔너 작업

(1) 적당량의 컨디셔너를 사용한다.

(2) 컨디셔너 시 매니플레이션과 지압을 숙련되게 한다.

(3) 나선형 롤링(서핑쿨러)하기, 지그재그하기, 양손교차하기, 튕겨주기, 훑어주기, 경혈점 누르기 등 5가지 매니플레이션 절차에 맞게 적용한다.

(4) 컨디셔너가 두발에 남아 있지 않도록 충분히 헹군다.

(5) 헤어라인, 귀 뒤나 안쪽, 네이프라인 등 세심하게 손에 물을 받아 닦고 헹군다.

(6) 두발을 이마 발제선에서부터 쓸어내리면서 물기를 짠다.

✓ 컨디셔너 작업 시 유의사항**(감점처리됨)**
　① 샴푸제가 충분히 제거되지 않고 컨디셔너제를 도포한 때
　② 컨디셔너제 양이 지나치거나 부족한 때
　③ 컨디셔너제의 매니플레이션과 지압을 하지 않았을 때
　④ 모델의 헤어라인, 귀 뒤나 안쪽, 네이프라인 등에 제품이 묻어 있을 때

4 타월 드라이하기

(1) 타월로 모델의 헤어라인, 귀, 네이프 순서로 우선 닦아낸다.

(2) 타월을 이용하여 두피부터 닦아낸다.

(3) 두발의 물기는 타월로 두발을 감싸서 소리나지 않도록 두드리듯 제거한다.

✓ 타월 드라이 유의사항**(감점처리됨)**
　① 타월로 모델의 헤어라인, 귀, 네이프 순서로 닦아내지 않았을 때
　② 타월로 두발의 물기 제거가 충분히 되지 않거나 미숙할 때

5 타월 감싸기

(1) 타월을 이용하여 모델의 두발을 감싸기 위해 양 어깨를 중심으로 받친다.

(2) 샴푸 볼(누워 있는 상태) 안에서 한올의 두발이라도 빠지지 않도록 타월로 헤어밴드
　　한다.

(3) 모델의 어깨를 감싸 안아 잡아주면서 일으킨다.

(4) 타월 헤어밴드상태에서 모델을 일으킨 후 후두 타월을 정리하듯 감싸서 두발이 한올
　　도 보이지 않게 안정감 있고 능숙하게 처리한다.

(5) 타월 감싸기 이후 모델의 모발을 빗질하여 마무리한다.

✓ 타월 감싸기 유의사항**(감점처리됨)**
　① 타월로 감싼 모발에서 얼굴이나 목 쪽으로 물이 흐르거나 타월이 풀어질 때
　② 모델의 두상에 감싸지 않은 모발이 있을 때 또는 느슨하게 타월밴딩을 하였을 때
　③ 샴푸도기 내에서 타월로 헤어밴드한 상태에서 모델을 일으켜 앉힌 후 후두부 내 타월을 전두부
　　쪽으로 향해 감싸기하지 않았을 때

6 샴푸대 정리하기 및 두발정리하기

(1) 샴푸대의 도기 및 의자에 튀긴 물을 닦는다.

(2) 샴푸대와 샴푸거름망의 머리카락을 제거하고 주변을 정리한다.

(3) 타월과 제품 및 도구들을 정리한다.

(4) 타월로 감싼 두발을 정리하기 위해 타월을 벗겨낸 후 두발을 빗질한다.

✓ 샴푸대 정리 시 유의사항(**감점처리됨**)

　① 샴푸대 또는 주변의 의자, 바닥 등에 물이 있을 경우

　② 샴푸 도기 또는 주변(수건, 빗, 스틱, 샴푸제 등) 정리가 되어 있지 않을 경우

　③ 샴푸대 거름망의 머리카락 제거와 도기 등이 청결하게 정리되지 않을 경우

CHAPTER

02 | 스케일링 및 백 샴푸의 세부 과제

1 스케일링 및 백 샴푸의 작업절차(25분, 20점)

준비상태(2점) → 브러싱과 스케일링(5점) → 스케일링 순서(3점) → 샴푸(2번 한다, 5점) → 컨디셔너(2점) → 타월 드라이 및 감싸기(3점) → 정리 및 두발 빗질 후 마무리(3점)

스케일링 및 백 샴푸는 작업절차에 따른 단계의 과정을 잘 숙지한다면 커트, 펌, 드라이어 과제보다 점수 받기가 가장 쉬운 과제이다. 교재를 출간할 때 모든 것을 사진 작업으로 다 표현할 수는 없다. 특히 이 과제는 더욱 그러하다. 그러므로 글로 표현된 사항들을 몇 번이고 반복하여 읽고, 머리로 생각하면서 차근히 절차를 숙지하면서 연습하여야 한다.

✓ 주의
- 시술자는 모든 과제의 시험 과정 중에 도구 또는 재료 등이 부족한지, 준비되지 않았는지 철저히 확인한 후 검정시험에 임한다.
- 모델과 시술자는 목걸이, 귀걸이 등을 신체로부터 제거되었는지 다시 한 번 체크한 후 검정시험에 임한다.
- 백 샴푸 및 컨디셔너 작업은 반드시 모델의 뒤에서 행해야 한다.

세부항목	작업요소
1. 준비자세	모델 두발 길이(네이프와 귀밑 5cm 이상), 모델과 수험자(동시 적용) 목걸이, 귀걸이, 반지, 핸드폰, 머리핀, 머리망, 손톱 · 발톱 폴리시 등을 제거하고 수험에 임한다.
	준비물 : 타월, 쿠션브러시, 우드스틱, 탈지면(7×10cm), 스케일링볼, 핀셋, 샴푸, 린스제, 위생봉투, 투명테이프 등의 지참을 점검한 후 과제절차에 임한다.
	모델이 샴푸의자에 앉은 후 어깨, 무릎에 타월을 올린다.
	탈지면(7x10cm)의 7cm 폭에 맞게 오렌지 우드스틱의 뭉툭한 부분에 탈지면을 감아 면봉 스틱을 2개 정도 만든다.

2. 브러싱과 스케일	쿠션브러시를 사용하여 반드시 백회를 향해 두상의 순서에 따라 브러싱한다.
	정중선을 기준으로 오른쪽 전두부 → 측두부 → 후두부 → 왼쪽 전두부 → 왼쪽 측두부 → 왼쪽 후두부 순서로 백회를 향해(T · P ~ G · P 사이) 업셰이핑 브러싱한다.
	두상을 4등분 블로킹한다.
	시계방향으로 오른쪽 전두부 → 후두부 → 왼쪽 후두부→ 왼쪽 전두부 순서로 스케일링한다(반드시 블로킹 주변의 발제선을 우선으로 스케일링제를 묻혀 문지른다. 그 다음 블로킹 내를 소구획으로 1~1.5cm로 파팅 (나누어) 후 스케일링한다).
3. 샴푸시술 (반드시 2번 한다)	모델의 머리를 샴푸볼로 눕힌 후 타월로 아이마스크를 하고 두발을 충분히 적신다. 애벌(전처리) 샴푸는 문지르기, 지그재그하기, 양손교차하기, 튕겨주기, 훑어내리기(5가지 기법) 등을 가볍게 한 후 헹굼으로 거품을 제거한다.
	본처리 샴푸 역시 전처리샴푸와 동일하게 5가지 기법을 통해 리드미컬하게 매니플레이션 후 거품을 제거한다.
4. 컨디셔너 시술	린스제를 사용하여 모발끝 → 모선 → 모근을 향해 도포한 후 5가지 기법 나선형 돌리기, 지그재그하기, 양손교차하기, 튕겨주기, 훑어주기 등의 매니플레이션 후 경혈점에 따라 압을 해준다.
	두발을 충분히 헹군 후 발제선을 따라 물로 깨끗하게 마무리한다.
5. 타월드라이 및 감싸기	샴푸볼 내에서 두발의 물기를 훑어서 내린 후 꼭 짜놓고 마른 타월을 이용하여 이마와 목의 발제선 주변을 먼저 닦아낸(두피 쪽 모근의 물기를 제거) 다음, 모간쪽 두발을 닦아낸다.
	샴푸볼 내에서 마른 타월을 이용하여 헤어밴드를 만든 후 모델의 어깨를 잡고 일으킨 다음 샴푸 의자에 앉은 상태에서 나머지 두발을 타월로 감싸기를 한다.
6. 정리 및 마무리	두상의 두발이 한 올도 빠지지 않은 상태에서 타월 감싸기가 마무리된다. 샴푸볼의 거름망에서 머리카락을 제거하고 샴푸볼과 의자 등에 묻은 물기를 닦아서 주변을 정리한다. 두상 전체를 감싼 타월을 제거한 후 두발을 빗질하여 마무리한다.

2 사전 준비하기(스케일링 및 백 샴푸)

목표	시험 규정에 맞게 작업한다.	블로킹	원웨이 브러싱, 스케일링 시 4등분
장비	샴푸대, 샴푸 도기	형태선	발제선, 블로킹 영역선부터 스케일링제 도포 후 섹션을 한다.
도구	브러시, 핀셋, 스케일링제, 볼(공병)	파팅	1~1.5cm
소모품	타월, 면봉, 스틱, 스케일링제, 샴푸제, 컨디셔너제	시술각	모다발 90° 이상
내용	두피 스케일링 및 백 샴푸를 모델에 실시한다.	손의 시술각도	파팅과 평행
시간	35분	완성상태	모델에게 타월 터번을 한 상태에서 심사위원과 눈이 마주쳤을 때, 타월을 벗기고 모델의 두발을 빗질하여 정돈해 둔다.

도구 및 재료 준비

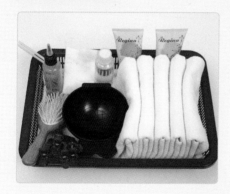

- ☐ 흰 타월 4장 이상
- ☐ 쿠션(덴멘) 브러시
- ☐ 스케일링 볼(공병)
- ☐ 스케일링제
- ☐ 핀셋 5개 이상
- ☐ 우드스틱(20cm 이상)
- ☐ 탈지면(7×10cm)
- ☐ 샴푸제
- ☐ 린스제

| Section | I | 스케일링 및 백 샴푸의 실제 |

1 스케일링의 실제

①모델을 샴푸대에 앉힌다 → ②어깨보, 무릎보를 씌운다 → ③스틱과 솜을 이용 면봉을 2~3개 만든다 → ④스케일링제를 준비한다 → ⑤백회를 향해 브러싱한다 → ⑥스케일링을 위해 4등분 블로킹한 후 스케일링을 한다(오른쪽 전두부영역 테두리부터 스케일링제를 면봉에 적셔서 도포한다 → 오른쪽에서 왼쪽으로 향해 시계방향으로 스케일링한다) → ⑦모델을 샴푸대에 눕힌 후 마스크 캡(타월을 이용)을 한다 → ⑧충분히 두발을 적신 후 샴푸제를 도포하여 애벌(전처리)샴푸를 한다 → ⑨2번째 샴푸제를 도포하여 본처리샴푸를 한다 → ⑩컨디셔너제를 도포하여 처리한다 → ⑪타월드라이한다 → ⑫타월감싸기를 한다 → ⑬주변정리를 한 후 두발을 빗질하여 마무리한다.

2 스케일링의 실제

1) 타월 두르기

❶ 모델의 어깨에 타월 두르기

2) 면봉스틱 만들기

❷ 스틱을 물에 적시기

• 손바닥에 물을 적신 후 솜(7cm × 10cm)을 손바닥내 다섯 손가락 위로 올려놓는다.

✓ 주의

스틱에 솜이 구김없이 잘 말릴 수 있도록 물을 적셔야 한다. 이때 손바닥 또는 손바닥위에 놓인 솜에 스프레이를 사용하여 물을 분무시켜도 된다.

✓ 주의

스틱 끝이 뭉툭한 부분을 향해 솜이 감싸아진다. 스틱끝이 편편 뾰족한 부분은 섹션 시 사용된다.

• 젖은 스틱을 솜 위에 올려 말아준다.

✓ 주의

반드시 솜은 가로 7cm 폭이 스틱에 감쌀 수 있도록 한다.

• 솜이 빠져나오거나 벌어짐 없이 잘 말릴 수 있도록 끝을 찢으면서 스틱에 감싸준다.

❸ 손가락에 물을 적셔 솜이 말린 스틱을 손바닥에 올려놓고 단단하게 말아준다.

❹ 왼손의 엄지손가락은 스틱 끝에 대고 나머지 손가락으로 스틱을 감싼 후 손바닥 안에서 쥐고 스틱을 돌려준다.

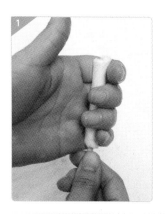
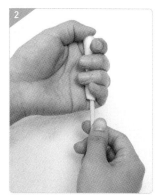

✓ 주의

뭉툭한 스틱끝쪽으로 솜이 빠져나오거나 뭉쳐 있지 않아야 한다. 다시 말하면 면봉처리된 면은 사진과 같이 매끄럽게 처리되어야 한다.

TIP 면봉스틱 말기 방식 2

마른 솜(7cm × 10cm)을 손바닥 위에 올려 놓은 후, 워터 스프레이로 3~4회 정도 고르게 분무한 후 스틱을 솜 위에 올려 말아 준다.

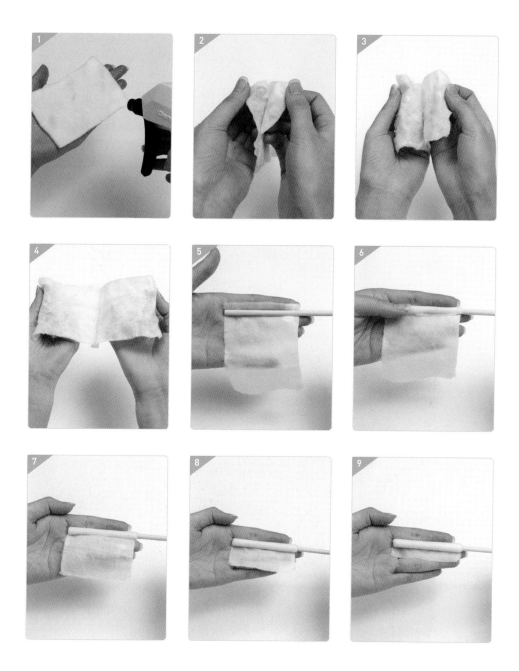

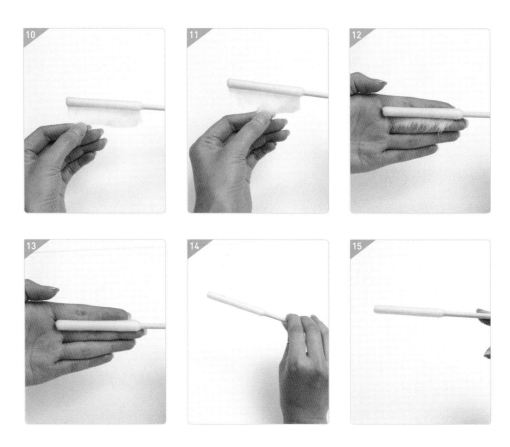

❺ 볼에 스케일링 제품을 덜어내어 사용하거나 공병을 이용하여 스케일링 시 왼손에 쥐고 작업한다.

3) 원웨이 브러싱하기

❻ 모발이 엉키지 않았는지 가볍게 빗질한 후, 정중선을 기준으로 오른쪽 전두부에서 오른쪽 측두부, 후두부를 시계방향으로 연계지으며 반드시 정수리(백회) 방향으로 업 셰이핑 빗질한다.

❼ 네이프의 정중선에서 백회 방향으로 빗질한 후 오른쪽 정중선 → 왼쪽 측중부 → 후두부 정중선 방향으로 백회를 향해 업 셰이핑한다.

4) 스케일링하기

❽ 모델의 두상을 빗 또는 면봉을 뒷끝을 이용하여 4등분으로 블로킹한다.

❾ 면봉처리된 스틱에 스케일링 제품을 적신다.

- 스틱은 오른손의 엄지, 검지, 중지, 약지를 사용하여 가볍게 쥐고, 소지 위에 스틱을 올려 고정시켜 준다.

✓ 주의

사진에서와 같이 면봉을 잡으므로서 손동작을 라운드형의 두상에 스케일 작업 시 원활한 손동작뿐 아니라 두피에 자극이 덜 가는 움직임을 갖는다.

⑩ 스케일링 시 면봉을 사용하여 헤어라인에서 두피안쪽 방향으로 스케일링한 후 햄라인에도 적용한다.

⑪ 스케일링 면봉을 사용하여 오른쪽 두상 상단에서 하단을 향해 두피 안쪽에서 헤어라인 방향으로 스케일링한다.

사진 1의 전두부영역 둘레 ① → ② → ③ → ④ 순으로 햄라인에 스케일링제를 먼저 도포한다.

- 스케일링제는 비이커모양의 공병에 담은 상태에서 왼손에 쥐고 오른손을 면봉에 쥐고 작업해도 된다.
- 섹션은 면봉의 반대편 끝쪽을 이용하여 파팅하면 빗을 따로 쥐고 파팅하는 것보다 리드미컬한 동작에 작업시간을 절약할 수 있다.

⑫ 전두부영역내에서는 상단에서 하단을 향해 섹션 1~1.5cm로 파팅한다. 이 때 손에 말린 면봉(오렌지우드스틱)의 뒷부분을 이용하여 파팅한다.

⑬ 면봉스틱을 사용하여 오른쪽 두정부 상단에서 하단을 향해, 두피 안쪽에서 헤어라인 방향으로 스케일링한다.

⑭ 반대편도 동일한 방법으로 진행한다.

⑮ 왼쪽의 전두부, 두정부의 스케일링 방법도 오른쪽과 동일한 방법으로 진행한다.

Section 2 백 샴푸의 실제

- 백 샴푸 작업 시, 모델을 샴푸대에 앉히고, 두상을 샴푸볼 내로 편안하게 눕힌다. 타월을 이용 마스크 캡을 한 후, 모델의 뒤로 가서 작업한다. 수압 및 온도 조절 등의 과정은 시술하되, 수험자는 모델과 대화를 나눌 수 없다.
- 타월 감싸기와 샴푸대 정리 등의 마무리가 끝나면 두발을 감싼 타월을 풀어 빗이나 손을 이용하여 마무리하여야 한다.

1 작업절차

모델의 어깨와 무릎에 타월을 얹는다 → 모델을 샴푸대에 눕힌다 → 타월 이용 마스크 캡을 한다 → 수압과 수온을 조절하며 두개피 전체에 물을 충분히 적신다 → 애벌 샴푸를 한다 → 본처리 샴푸를 한다 → 컨디셔너를 한다 → 타월 건조 및 타월 감싸기를 한다 → 샴푸대 및 주변정리를 한다 → 타월을 풀어 두발 마무리를 한다.

2 백 샴푸 완성

3 백 샴푸의 실제

① 모델을 샴푸대로 안내하여 샴푸 의자에 앉힌다.
② 시험자는 모델의 뒤편에 선다.

③ 타월을 모델 목과 어깨를 감싸 두른 후, 안면과 무릎에도 타월을 덮는다.

④ 모델의 어깨를 가볍게 받치고 오른손의 엄지·검지·중지를 이용하여 U자형을 만들고 목덜미의 두발을 밑에서부터 들어 올리면서 목에 살짝 댄다. 약지와 엄지로 이마를 살짝 잡아서 뉘인다.

⑤ 물과 샴푸제가 얼굴에 튀는 것을 막기 위해 타월을 사용하여 눈과 얼굴면을 감싼다.

> 검정 시험장에서는 모델에게 샴푸해 드리겠습니다. 누우십시오라는 말은 마음 속으로 하되 소리내어서 하지는 않는다.

❶ 모델의 어깨와 무릎에 타월을 두르고, 샴푸볼을 향해 모델을 누인 후 타월을 이용하여 눈을 가린다(사진에서와 같이 깨끗한 타월로 구김없이 깔끔하게 정리된 모양으로 모델에게 준비한다).

❷ 오른손으로 샤워기를 쥐고 물 온도(38~40℃)를 손목 안쪽에 확인한 후 두발을 적시기 위해 두발 끝 → 두발 중간 → 발제선을 중심으로 플레인 샴푸(물만으로 두발을 꼼꼼히 헹구는)를 충분히 한다. 이때 샤워기는 두피에 가깝게 하는 편이 수압도 있고, 모델에게 물을 충분하게 사용하는 것처럼 느껴져 심리적 효과도 있다.

> 모델이 누워있는 상태에서 따뜻한 물이 나오기까지 오래 기다리는 느낌을 주지 않도록 한다. 즉 <u>수온을 적정하게 맞추기 위해 물을 틀어놓고 오래 기다리지 않도록 한다</u>. 이때 미지근한 물이라도 두발 끝쪽에서 샤워기 물을 주면서 모발 중간을 향해 적시는 과정에서 물의 온도는 어느새 맞추어질 수 있다. 모발 자체는 각질화된 상태로서 차거나 뜨거움을 느끼지 못한다. 다만 두피는 그렇지 않다.

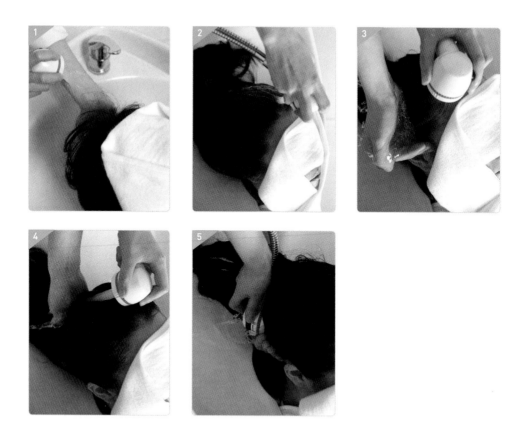

두개피에 물이 충분히 적셔지지 않으면 샴푸제 도포 시 거품이 풍성하게 일어나지 않는다.

1) 애벌샴푸하기(실제 방법은 p32~34의 그림을 반드시 참조하여 매니플레이션한다)

❸ 샴푸제는 전두부 → 두정부 → 측두부 → 후두부 순서로 두피를 중심으로 샴푸제를 도포한 후, 이마 발제선(위)에서 두발쪽(아래)로 훑어 내리기를 하면 샴푸제는 두개피 전체에 고루 도포된다.

> 특히, <u>애벌샴푸(Pre shampoo) 시에는 본처리 샴푸보다 샴푸제의 적정 용량보다 약간 더 사용한다.</u>

❹ 지그재그형의 매니플레이션(손동작)은 발제선을 중심으로 양측 귀에서부터 약간 강하게 누르면서 후두부 목선만 빼고 두상 전체를 연결하여 문지르는 방법(강찰법)이다. 제자리에서 한 동작을 3~4번 정도 리드미컬하게 반복하여 지그재그한 후 전두부에서 두정부까지 3~4회 왕복한다.

❺ 두피 전체의 긴장을 풀어주는 식으로 양손을 교차시켜 한 동작을 3번 정도 반복하며 매니플레이션한다. 하나의 기본 동작이 끝나면 두발이 당겨서 아프지 않도록 주의하면서 거품을 두발 끝으로 밀어서 제거한다.

④, ⑤ 동작 후 후두부는 문지르기 또는 튕겨주기 과정의 매니플레이션한 후 두상 전체를 쓸어 내려준다.

❻ 양쪽 손가락의 면을 이용하여 두상 전체를 일관성 있고 가볍게 고루 튕겨준다(고타법). 튕겨주는 동작이 끝나면 거품을 두발 끝으로 밀어서 제거한다.

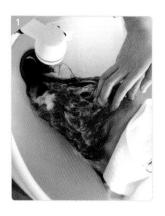

❼ 모델의 후두부 내 목선은 왼손을 돌려 받치듯이 두상을 조금 들어 올리고, 오른손으로는 문지르기 또는 튕겨주기로서 후두부 전체인 좌측 Ear part를 따라 우측 Ear part 라인을 따라 왕복 3번 정도 매니플레이션한다.
  • 후두부의 동작(튕겨주기)이 끝나면 두상 전체를 위에서 아래로 훑어준 후, 본처리 샴푸작업을 위해 말끔히 헹군다.

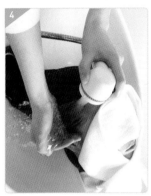

2) 본처리 샴푸하기(실제 방법은 p32~34의 그림을 반드시 참조하여 매니플레이션한다)

❽ 애벌 샴푸과정인 문지르기 → 지그재그하기 → 양손교체하기 → 튕겨주기 → 훑어주기 등 동일한 단계의 과정이 끝난 후 마무리 헹굼은 모델의 이마, 얼굴 발제선에서 시작하여 측면 후두부까지 깨끗이 헹군다. 샴푸 과정은 3~5분 정도 소요된다.

3) 컨디셔너하기(실제 방법은 p34~37의 그림을 반드시 참조하여 매니플레이션한다)

❾ 컨디셔너제를 5g 정도 두발에 골고루 도포한다.

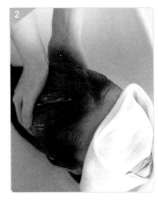

❿ 손가락을 이용하여 두상 전체를 둥글게 롤링한다.

⑪ 전두·측두·두정·후두부를 대상으로 샴푸하기 동작인 ④, ⑤, ⑥, ⑦의 지그재그 하기, 양손 교차하기, 튕겨주기 등은 동일한 매니플레이션 방법이므로 참조바람

⑫ 손가락을 이용하여 하나 하나로 하는 동작으로 두상 전체를 대상으로 가볍게 튕겨 주므로써 매니플레이션의 동작이 끝났음을 제시한다.

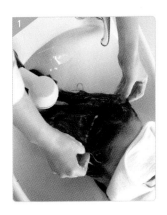 

⑬ 네 손가락으로 두발을 이마선에서 아래로 훑어 내리기한다.

  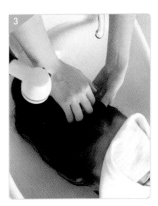

⑭ 경혈점 압넣기로서 ① 발제선과 정중선(C.P → T.P → G.P → C.P → S.P → E.S → C.P → E.B.P의 순서에 따라 엄지를 이용하여 3초 정도 지긋히 압을 눌리듯이 넣을 수 있다.) 압점넣기는 본서 36~37p의 (7), (8), (9)의 그림과 같이 하는 것으로 참조바람

② 정중선 G.P의 압점에서 다섯손가락을 이용하여 두정면에서 전두면을 향해 2~3회 정도 쓸어올린다.

③ 후두면의 천주 → 풍지 → 완골 → 아문 → 풍부 → 뇌후를 향해 3초 정도 압을 넣는다.

④ 두상 전체의 경혈점에 압을 넣은 후 다시 E.S.C.P → S.P → C.P → T.P → G.P까지 역으로 하여 3초 정도 돌리면서 튕겨준다.

⑤ 모류에 따라 아래로 훑어주기 후 두상 전체를 하나 하나로 가볍게 튕겨주기를 하여 마무리한다.

⑮ 물이 튀지 않도록 주의하면서 골고루 헹군다. 특히 이마, 발제선, 목선 등에 제품이 남아 있지 않도록 손바닥에 물을 받아서 털어내면서 깔끔히 닦고 두발을 훑어 내리면서 물기를 제거한다.

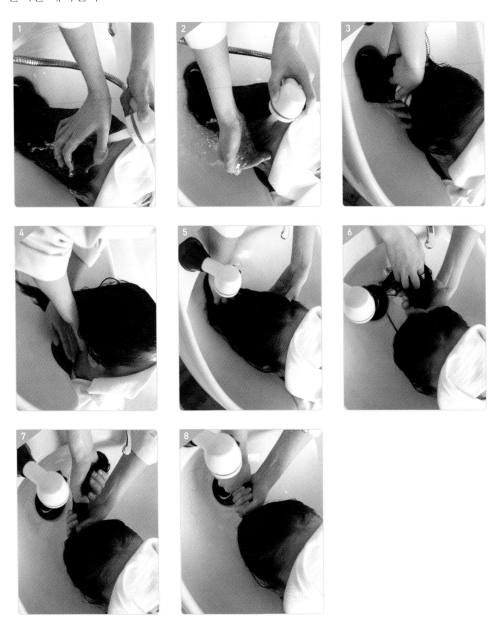

4) 타월 드라이 및 감싸기

⑯ 타월을 이용하여 모델의 헤어라인(이마, 귀, 목선 등)을 먼저 닦은 후에 전체 두상을
감싸며 두피 부분의 물기를 닦는다.

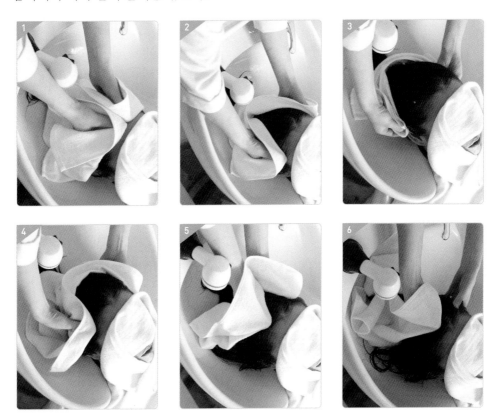

⑰ 타월로 두발을 감싸서 짜내어 물기를 충분히 제거한다.

⑱ 타월을 펴서 끝쪽을 살짝 접는다.

⑲ 타월의 접어진 면을 모델의 두상 뒷면에서 앞면으로 크로스하여 놓는다.

• 헤어라인을 감싼다.

  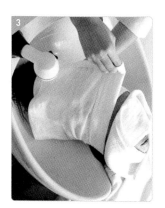

⑳ 얼굴을 가린 타월 제거하기

• 시험자의 손으로 모델의 네이프라인을 받치며 모델의 상체를 일으킨다.

샴푸볼 내에서 헤어밴드(타월이용) 후 어깨 가까이의 목덜미에 손을 받쳐서 일으킨다.

㉑ 모델을 앉힌 상태에서 두발이 빠지지 않도록 깔끔하게 감싸 말아 넣기를 하여 타월 감싸기를 한다(모델을 샴푸볼 내에서 일으킨 상태에서 타월감싸기를 마무리한다).

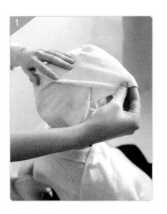

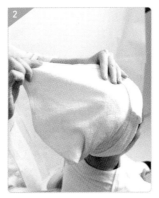

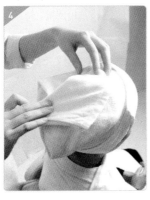

5) 주변정리 및 마무리하기

㉒ 타월 감싸기가 끝난 후 샴푸대 주변(샴푸볼, 의자, 거름망 머리카락 제거 등) 타월, 제품 등을 위생적으로 정리하고 처리한다.

㉓ 주변 정리 후 타월을 이마선에서 풀어서 두개피부와 모근 쪽을 향해 타월드라이 후 모다발을 타월로 감싸 톡톡 두드리면서 물기를 제거한다.

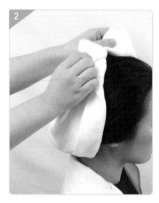

㉔ 손가락 또는 빗을 이용하여 두발을 훑어 내리거나 빗질하여 마무리한다.

memo

PART 2

헤어 커트

CHAPTER 01 헤어 커트의 이해

Section 1 · 헤어 커트의 기초

헤어를 잘라서 두발형태를 만드는 것은 아주 쉬운 작업이 될 수도 어려운 작업이 될 수도 있다. 왜냐하면 자를 줄 아는 사람은 말과 글(전문용어)이 필요없으나 자를 줄 모르는 사람은 말과 글을 통해 자르기 위한 개념과 원리를 반복으로 익히는 연습과 훈련을 요구하기 때문이다. 그러할 때 전문용어는 전문가로서 요구되는 수단이 된다.

처음 대면하는 언어들이 어렵겠지만 몇 번이고 반복하여 나의 것으로 만든다는 것은 실기를 이론화, 이론을 실기화하는 일체감을 통해 적게 배우고도 많이 알아가는 패턴화된 지식(영속적 지식)을 기대할 수 있기 때문이다.

1 헤어 커트의 기술

머리 모양(Head shape)과 연계된 작품으로서 머릿속 뇌가 기억하고 손에 익혀진 실력뿐 아니라 대상과의 전면적인 교감을 통해 가슴에 전해지는 부분을 손으로 옮겨낸 작업의 실체인 헤어 커트(Hair cut)는 ① 두개골 결함인 골격을 가릴 수 있고, ② 주의를 끌 만한 바람직한 모습이 될 수도 있으며, ③ 인체에서 구체화할 수 있는 유일한 물질을 구현하는 과정이다.

> ✓ 헤어 커트 기술이란?
> 헤어 커트 기술은 실천적 경험에 기반하고, 이론적 지식을 객관화시킴으로써 머리형 스스로가 무엇을 말하고 싶은가를 파악하는 것이다.

2   헤어 커트의 정의

머리카락을 잘라 형태를 갖추는 것으로 자르는 방법에 따라 '머리 형태를 만든다'고 한다.

① 인커트(In cut)와 아웃커트(Out cut)의 조합으로서 두발의 단차를 치수화한다.

② 머리카락을 잘라 형태를 갖추는 것이다.

③ 자르는 방법에 따라 머리형을 만든다(Hair shaping).

3   헤어 커트의 목적

① 두발길이를 가지런히 한다.

② 두발모양을 일정하게 한다.

③ 두발의 형태를 만든다.

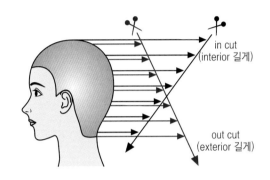

4   헤어 커트의 기본 형태(3가지)

고객과 적절한 상담을 통해서 결정한다. 즉 디자인 결정 과정으로서 관찰과 의사소통 능력이 요구된다.

1) 솔리드형(Solid form)

두상내 외측(Exterior)과 내측(Interior)에 단차를 주지 않고 가로 동일 선상(Zone)의 형태선을 갖는다. 블로킹 내에서 스케일된 모다발을 자연시술각(0°)으로 빗질한 후 덩어리 모양으로 자른다.

(1) 솔리드형의 특징

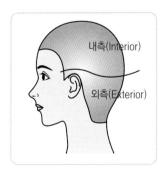

① 외곽 형태선(가이드 라인)은 외측과 내측이 단차가 없는 동일한 길이로서 각진 모양의 무게선을 갖는다.

② 가장 무거운 형으로서 비활동적인 질감을 형성하는 블런트 커트이다.

③ 외측과 내측의 모발이 같은 영역에서 떨어지기 때문에 최대의 무게감이 외곽 형태선(Out line)에 생긴다.

> ✓ 블런트 커트의 특징
>
> 모다발 끝을 직선으로 자르는 방법이다.
> ① 모발 손상이 적다.
> ② 잘린 부분이 명확하다.
> ③ 입체감을 내기 쉽다.
> ④ 모발 끝에 힘이 있다.
> ⑤ 기하학적인 윤곽을 연출하기 쉽다.

(2) 솔리드형의 종류

① 평행보브 스타일

두발 형태선을 목선(Nape line) 기점으로 하였을 때
수평 일직선인 덩어리 모양을 나타내는 스타일이다.

② 이사도라 스타일(앞올림형)

두발 형태선(Out line)을 목선 기점으로 하였을 때
E.S.C.P와 앞올림 사선(후대각)으로 연결되는 덩어리
형태로서 컨벡스라인의 외곽선이 형성된다.

③ 스파니엘 스타일(앞내림형)

두발 형태선(Out line)을 목선 기점으로 하였을 때 E.S.C.P와 앞내림 사선(전대
각)으로 연결되는 덩어리 형태로서 컨케이브라인의 외곽선이 형성된다.

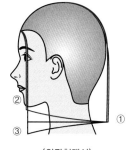

〈외곽형태선〉

2) 그래듀에이션형

그래듀에이션형의 머리형태(Hair do)는 삼각형으로서 무게감의 경계를 중심으로 위는
비활동적인 질감과 아래로는 활동적인 질감으로 이루어진다.

(1) 그래듀에이션형의 특징

① 두피에 대하여 시술각 1~89°로 범주로서 컨벡스라인으로 자른다.

② 머리형태를 입체적으로 만든다.

③ 쇼트 헤어스타일에 많이 응용된다.

④ 헤어스타일의 표현력이 풍부하다.

(2) 그래듀에이션형의 종류

종류		내용
로우 (Low)		목선의 가이드라인을 기준으로 무게감을 나타내는 형태선은 1~30° 시술각에 의해 낮은 삼각형의 머리형태를 나타내는 스타일이다.
미디움 (medium)		목선의 가이드라인을 기준으로 무게감을 나타내는 형태선은 31~60° 시술각에 의해 중간 삼각형의 머리형태를 나타내는 스타일이다.
하이 (High)		목선의 가이드라인을 기준으로 무게감을 나타내는 형태선은 61~89° 시술각에 의해 높은 삼각형(Bros cut)의 머리형태를 나타내는 스타일이다.

3) 레이어드형

두상에 대한 시술각 90°의 직각분배는 두상 자체(두상 내 머리카락 위치)에 의해 내측보다 외측이 긴 두발 모양으로서 단차를 나타내는 활동적인 질감의 스타일이다.

(1) 레이어드형의 특징

① 두피에 대하여 시술각 90° 이상의 범주로 컨벡스라인으로 자른다.

② 폭넓은 연령층에 적용되며 응용 범위가 넓다.

③ 온 베이스 직각분배, 손등으로(아웃커트)하여 신속 정확하게 커트된다.

(2) 레이어드형의 종류

종류	내용
유니폼	두상에 대하여 직각분배(90°), 즉 온 베이스 빗질을 통해 잘랐을 때 두발 길이는 동일하나 두상의 위치에 따라 내측은 짧아 보이고 외측은 길어 보인다. 외곽형태선은 라운드라인의 움직임이 큰 활동적인 질감을 갖는 스타일이다.
인크리스	두상에 대하여 두발은 방향분배로서 두정융기(위로), 측두융기(바깥쪽으로), 후두융기(뒤로 똑바로)에 의해 두발 길이의 바깥쪽이 점진적으로 길어진다. 또한 증가형 두발길이 구조로서 유니폼 레이어드형보다 움직임이 적은 활동적인 질감의 스타일이다.

5 자르는 도구

기술 50%, 도구 50%의 비율에 의해 자르기 작업이 이루어진다.

1) 가위(Scissors)

두발을 자르는 도구인 시저스는 왼손으로 쥔 모다발(모속)을 오른손으로 쥔 가위로 자르는 것이다. 자르는 도구의 크기에 따라 미니(Mini) 또는 빅(Big) 시저스로 분류된다. 이는 역학적으로 지레의 원리를 응용하여 두 개의 날이 교차하면서 두발을 자르도록 만들어진 절단기구이다.

(1) 가위의 구조

가위날 끝, 날 끝, 정도(고정날), 동도(유동날), 회전축(잠금나사), 다리, 약지환, 엄지환, 소지걸이 등으로 이루어졌다.

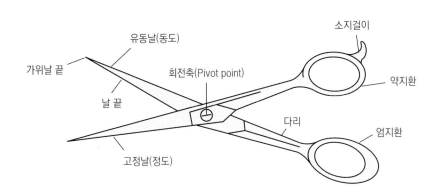

(2) 가위의 재질

① 착강 가위 : 가위의 날 부분(협신부)은 특수강철로 되어 있으며, 가위의 몸체 부분은 연질강철로 되어 있다.

② 전강 가위 : 가위 날과 몸체 전체가 특수강철로 되어 있다.

(3) 가위의 사용 목적에 따른 분류

① 커팅 시저스 : 절단 가위 또는 블런트 가위라고 한다.

② 틴닝 시저스 : 걸치기용 가위로서 길이는 변화시키지 않으나 모량을 제거한다.

2) 빗(Comb)

① 빗은 두발을 자르기 전에 때로는 자르는 중간에 두발을 분배하고 조정한다.

② 모다발을 떠올리거나 셰이핑(모양다듬기) 위주로 빗어 매만지거나 각도를 만들기 위해 두발을 곤두세우는 등에 사용된다.

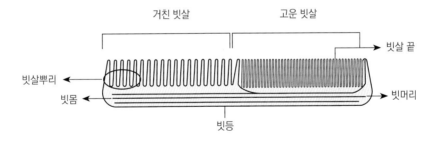

6 커트 자세 및 주의사항

1) 커트 시의 자세

커트 절차는 신속 정확하게 한다.

① 시술자의 어깨선은 파팅된 섹션과 평행해야 한다.

② 눈의 위치는 가위의 작업 위치와 같은 높이로 한다.

③ 가위의 가이드(기준) 위치는 왼손 인지와 중지에 둔다.

④ 언제나 발은 어깨너비로 벌리고, 왼발은 약간 앞으로 내밀어 무릎이 쉽게 굽혀질 수 있게 안정된 자세를 취한다.

2) 커트 시 주의사항

마네킹에 워터 스프레이(분무기)를 사용하여 모근 부위에 물을 충분히 분무한다. 자르기를 끝냈을 때까지 두발은 물기에 젖어있어야 한다.

① 웨트 헤어(젖은 모발 상태)

- 두발에 손상을 덜 준다.
- 두상에 당김을 주지 않는다.
- 정확한 가이드라인이 형성된다.
- 자연스러운 움직임을 보면서 움직임 자체를 이용한 선을 만들 수 있다.
- 젖었을 때 얼굴라인의 발제선이 갖는 자연적인 두발 성장패턴을 관찰할 수 있다.

② 빗질(Combing)

모근에서 모간 끝까지 두상이 흔들리지 않도록 두발을 당김 없이 자연스럽고 곱게 빗질(No tension)한다.

③ 형태선 또는 가이드라인

손님과의 대화 또는 커트 유형의 구상에 의해 설정되어야 한다.

④ 시술각을 만드는 3가지 방법

- 빗으로 만드는 각도
- 빗질로 만드는 각도
- 두상을 움직여 만드는 각도

⑤ 블로킹(4~5등분), 섹션(1~1.5cm)을 준수해야 한다.

⑥ 헤어스타일에 적합한 자르기 전용 빗 또는 가위를 사용해야 한다.

Section 2 | 자를 때까지의 기본 기술

1 가위 쥐는 법

(1) 잠금 나사 부분(Pivot point)을 시험자가 볼 수 있도록 왼손으로 쥐고, 정도(Still blade)에 연결된 손가락 걸이에 약지를 넣는다.

(2) 잠금 나사 부분의 아랫부분인 동도(Moving blade)와 연결된 손가락 걸이에 모지를 넣는다.

(3) 정도의 약지는 제2관절까지 손가락을 넣고 중지와 소지, 인지는 가위의 다리(Shank) 위로 나란히 펴놓는다.

(4) 동도의 엄지는 손가락 완충면 부분만 약간 밀듯이 들어갈 수 있도록 앞으로 밀면서 쥔다.

(5) 왼손의 중지 위에 정도의 날 끝을 대고 손가락 두 마디까지 하나, 둘, 셋, 넷을 세면서 개폐시켜서 앞으로 밀면서 자른다.

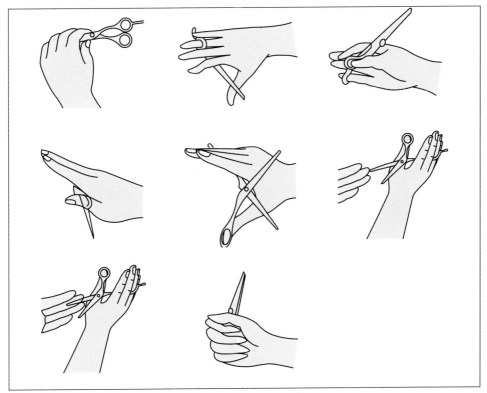

〈가위 쥐는 법과 개폐 방법〉

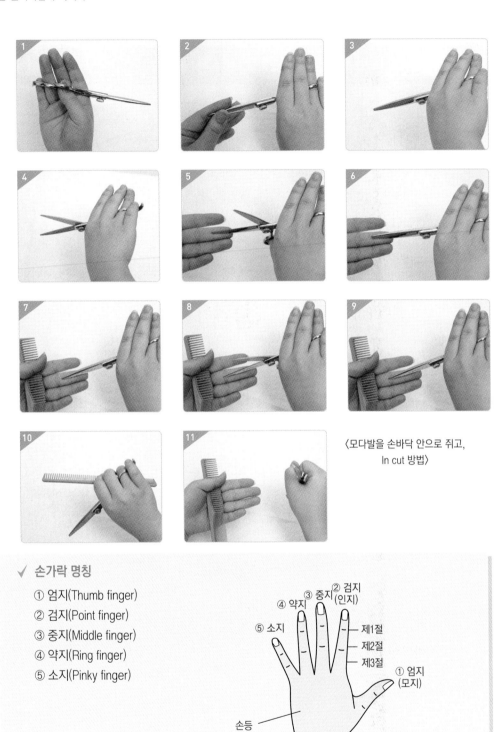

〈모다발을 손바닥 안으로 쥐고,
In cut 방법〉

✓ **손가락 명칭**

① 엄지(Thumb finger)
② 검지(Point finger)
③ 중지(Middle finger)
④ 약지(Ring finger)
⑤ 소지(Pinky finger)

④ 약지　③ 중지　② 검지
　　　　　　　　　　(인지)
⑤ 소지
　　　　　　　　　　제1절
　　　　　　　　　　제2절
　　　　　　　　　　제3절
　　　　　　　　　　① 엄지
　　　　　　　　　　(모지)
손등
　　　　　　　　　　손바닥

2 가위와 빗의 운행법

인커트와 아웃커트는 두 가지 의미를 갖는다. 자를 시 손등 밖(아웃컷)으로 또는 손등 안(인컷)으로, 빗질된 모다발을 고정시킨 상태(판넬)가 손등 밖(아웃컷)인지 또는 손바닥 안(인컷)인지로서 문장의 맥락에 따라 의미는 달라진다. 따라서 전문가로서 사용되는 전문용어는 문장의 맥락과 상황에 따라 짧은 언어를 통해 정확한 소통이 가능할 뿐 아니라 적게 배우고 많이 알게 되는 패턴화된 지식이 된다.

1) 가위 운행법

① 밖으로 자르는 법(Out cut)

모다발을 쥔 손의 손등(밖)이 보일 수 있는 상태로서 가위날의 정도를 고정하고 동도만을 개폐하여 자른다. 이는 손등 밖으로 자른다는 의미로서 아웃컷이다.

② 안으로 자르는 법(In cut)

모다발을 쥔 손의 손바닥(안)이 보일 수 있는 상태로서 중지 쪽에 정도의 가위 날 끝을 대고 동도만을 개폐하여 자른다. 이는 손바닥 안으로 자른다는 의미로서 인컷이다.

2) 빗 쥐는 법

자르기에 사용되는 빗은 세트 빗으로서 한쪽(1/2)의 빗살은 거친 빗살(Coarse teeth comb), 다른 한쪽(1/2)의 빗살(Fine teeth comb)은 가는 빗살로 구성되어 있다. 빗의 가운데 몸체(Pivot point)를 엄지와 검지로 쥐고 나머지 손가락은 가지런히 놓는다.

3) 판넬 쥐는 법

왼손의 인지와 중지 사이에 모다발을 펼쳐 쥔 상태를 판넬(Panel)이라 한다.

① 안으로 쥐는 경우

손바닥이 보일 수 있는 상태로 판넬을 쥐는 방법을 '안으로 향한 판넬'이라고 한다. 가로 섹션으로 자를 때 판넬(모다발)된 상태이다(80p 참조).

② 밖으로 쥐는 경우

손등이 보일 수 있는 상태로 모다발을 쥐는(판넬) 방법을 '바깥쪽으로 향한 판넬'이라고 한다. 세로 섹션으로 자를 때 판넬된 상태이다(82p 참조).

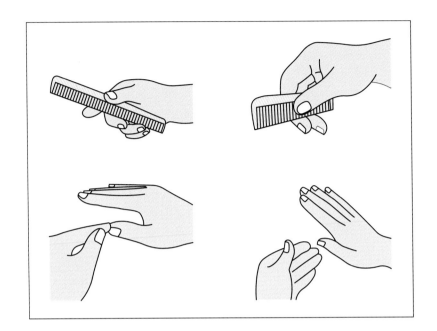

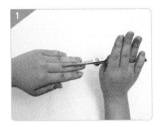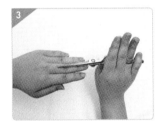

〈모다발을 손등 밖으로 쥐고, Out cut 방법〉

3 두부의 구분

헤어 커트를 정확하게 또는 쉽게 하려면 두부의 지점을 알아야 한다. 두부를 나누는 7가지 라인과 두부의 중요 지점과 명칭을 통해 기술을 이론화하는 객관성을 갖출 수 있도록 한다.

1) 두부의 지점(Head point)

두상에서 두발을 구획 짓는(영역화), 즉 나누는 범위에 따라 블로킹(Blocking)과 섹셔닝(Sectioning)으로 대별된다. 이를 다시 소구획하는 것을 섹션(Section)이라 한다. 두부를 효율적으로 분배하기 위해서는 두상의 위치, 즉 포인트를 기준으로 해야 한다.

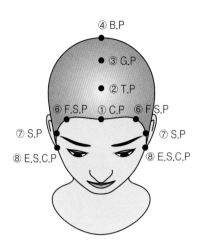
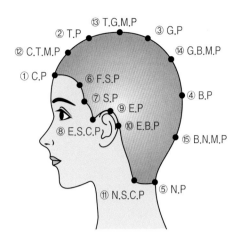

번호	기호	명칭
①	C.P	Center Point : 센터 포인트
②	T.P	Top Point : 탑 포인트
③	G.P	Golden Point : 골덴 포인트
④	B.P	Back Point : 백 포인트
⑤	N.P	Nape Point : 네이프 포인트
⑥	F.S.P	Front Side Point : 프론트 사이드 포인
⑦	S.P	Side Point : 사이드 포인트
⑧	E.S.C.P	Ear Side Corner Point : 이어 사이드 코너 포인트
⑨	E.P	Ear Point : 이어 포인트
⑩	E.B.P	Ear Back Point : 이어 백 포인트
⑪	N.S.C.P	Nape Side Corner Point : 네이프 사이드 코너 포인트
⑫	C.T.M.P	Center Top Medium Point : 센터 탑 미디움 포인트
⑬	T.G.M.P	Top Golden Medium Point : 탑 골덴 미디움 포인트
⑭	G.B.M.P	Golden Back Medium Point : 골덴 백 미디움 포인트
⑮	B.N.M.P	Back Nape Medium Point : 백 네이프 미디움 포인트

2) 블록을 나눔으로써 영역을 체계화한다.

 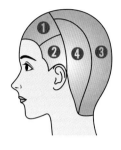

① 전두면
② 측두면
③ 후두면
④ 측정중면

3) 두개골 부위에 따른 두발명

① 전두골(프론트) – 전발(前髮)
② 측두골(사이드) – 양빈(兩鬢)
③ 두정골(크라운) – 곡(髷)
④ 후두골(네이프) – 포(髱)

4) 두부의 선과 영역

선을 그어 나눔으로써 두부를 체계적으로 상·하, 좌·우로 나누어준다.

구분	명칭	구분
①	정중선	①-1 프론트 센터 라인(Front center line) – C.P ~ G.P까지 이어지는 선
		①-2 백 센터 라인(Back center line) – G.P ~ N.P까지 이어지는 선
②	측두선	②-1 오른쪽 파트 라인(Right part line)
		②-2 왼쪽 파트 라인(Left part line)
③	측수직선	T.P ~ E.B.P까지 연결하는 파트 라인
④	측수평선	④-1 S.P에서 T.P로 이어지는 선
		④-2 S.P에서 G.P로 이어지는 선
		④-3 S.P에서 B.P로 이어지는 선
⑤	얼굴선(발제선)	⑤-1 얼굴선(Face line) – C.P를 중심으로 양 측면의 E.S.C.P를 연결하는 선
		⑤-2 목옆선(Nape side line) – E.B.P를 중심으로 양 측면의 N.S.C.P를 연결하는 선
		⑤-3 목뒷선(Nape back line) – E.S.C.P에서 N.S.C.P까지 연결하는 선
⑥	앞올림형	후대각(Diagonal back)이 오른쪽 왼쪽으로 향해 연결되었을 때 컨벡스라인(Convex line)이 된다.
⑦	앞내림형	전대각(Diagonal forward)이 오른쪽 왼쪽으로 향해 연결되었을 때 컨케이브라인(Concave line)이 된다.

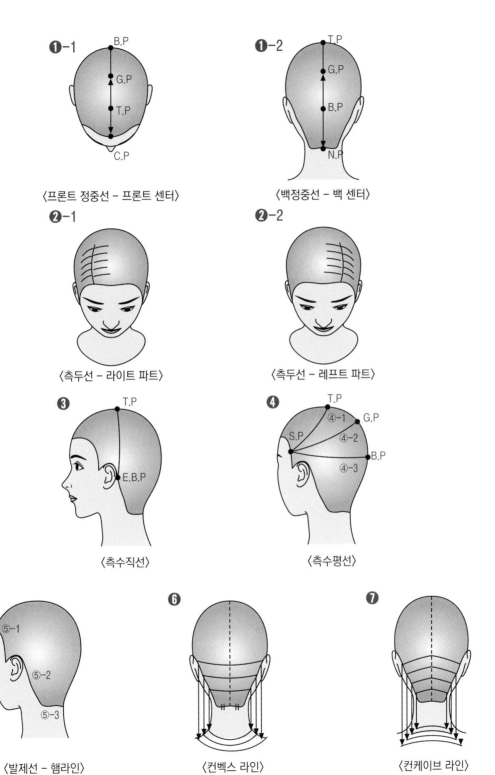

❶-1

B.P

G.P

T.P

C.P

〈프론트 정중선 – 프론트 센터〉

❶-2

T.P

G.P

B.P

N.P

〈백정중선 – 백 센터〉

❷-1

〈측두선 – 라이트 파트〉

❷-2

〈측두선 – 레프트 파트〉

❸

T.P

E.B.P

〈측수직선〉

❹

T.P

④-1   G.P

S.P   ④-2

④-3   B.P

〈측수평선〉

❺

⑤-1

⑤-2

⑤-3

〈발제선 – 햄라인〉

❻

〈컨벡스 라인〉

❼

〈컨케이브 라인〉

Section 3   **커트 절차의 이해**

두발을 잘라 형태를 만들기 위해 거쳐야 할 기술적 단계로서 정확도(체계성, 일관성)를 갖게 한다.

1 블로킹(Bloking)

두상을 작업하기 용이하도록 선 또는 면을 만듦으로써 상·하, 좌·우 또는 정면·측면·후면 등의 구획된 영역을 결정한다. 이는 블로킹과 섹셔닝으로 구분되며, 자를 시 모량을 조절하고 두상 높이(Level) 또는 영역(Zone)에 따른 디자인라인과 시술각을 결정한다.

> 섹셔닝(Sectioning)
> 대칭, 균형, 비율 등을 고려하여 디자인적 의도를 가진 구획을 설정함으로써 임의의 영역 또는 구역을 블로킹한다.

2 두상 위치(Head position)

> 커트의 결과에 가장 직접적인 영향을 주는 요소로서 두상 위치를 어떻게 설정하는가에 따라 커트 형태의 외곽선(Out line)이 변화된다.

분배(빗질)에 직접적인 영향을 미침으로써 일반적으로 자르는 동안 두상의 면에 따라 일정하게 유지해야 한다.

① 앞숙임(Forward), ② 똑바로(Up right), ③ 옆기울임(Tilted) 등을 이용하여 커트 유형에 따른 위치를 설정함으로써 정확한 표현을 연출할 수 있다.

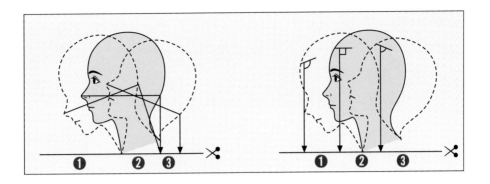

3 파팅과 라인드로잉, 섹션

1) 파팅(두발의 관점에서 상·하, 좌·우로 나눈다는 의미이다)

① 수평파팅　　② 대각(사선)파팅　　③ 수직파팅

④ 컨벡스라인　⑤ 컨케이브라인　⑥ 방사선라인

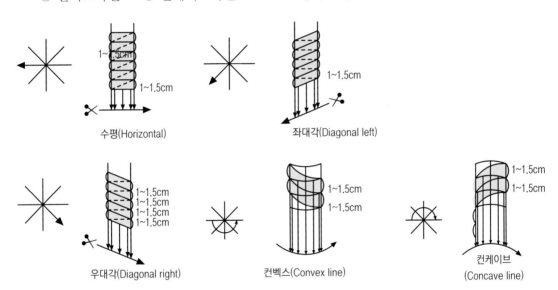

2) 라인 드로잉(두개피부 관점에서 두피에 선을 긋는다는 의미이다)

① 호리존탈라인(Horizontal line) - 두피에 대하여 수평으로 선을 긋다.

② 버티컬라인(Vertical line) - 두피에 대하여 수직으로 선을 긋다.

③ 다이애거널라인(Diagonal line) - 두피에 대하여 사선으로 선을 긋다.

3) 섹션

① 가로×세로의 파팅에 따른 두개피부 면적이 결정된다. 즉, 베이스 크기를 갖는다는 의미로서 자르기(커트)의 기본 단위이다.

② 블로킹된 영역을 자르기 편하도록 소구획으로 나눈 파팅은 단계(Level)와 영역(Zone)의 경계를 만든다.

③ 파팅은 1~1.5cm 폭을 단위로 하며, 이를 섹션이라 한다.

④ 섹션은 모발의 양(Hair strand)과 판넬(Panel)이 기본적으로 포함되는 하나의 스케일(Scale)이 된다.

4 분배(Distribution, Combing)

파팅된 스케일로서 모다발을 빗질해 내는, 즉 모발이 떨어지거나 들어올려지는 빗질방향으로 분배(Distribution) 또는 빗질(Combing)이라고도 한다.

1) 자연방향 빗질(자연분배)

두상에서 모다발이 중력 방향으로 자연스럽게 아래 방향으로 떨어지는 자연시술각(Natural fall) 0° 방향으로, 인커트한다(손바닥 안으로 판넬된 상태에서 자른다).

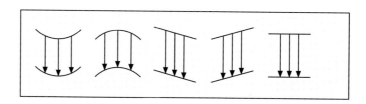

2) 직각방향 빗질(직각분배)

두상에서 섹션된 모다발을 90°(직각) 방향으로, 주로 아웃커트한다(손등 밖으로 판넬된 상태에서 자른다).

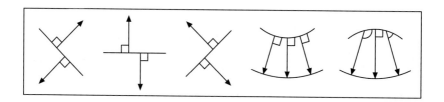

3) 변이방향 빗질(변이분배)

두상에서 스케일된 모다발을 자연분배나 직각분배가 아닌 1~89°(변이분배)로 빗질하여, 인 또는 아웃커트한다.

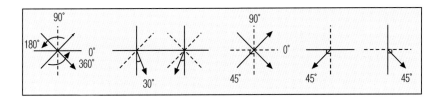

4) 방향 빗질(방향분배)

두상의 곡면으로부터 섹션된 모다발을 위로 똑바로(두정융기) 또는 옆으로 똑바로(측두융기), 바깥쪽인 뒤로 똑바로(후두융기) 빗질한 후 아웃커트한다.

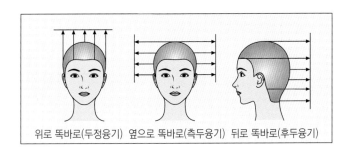

위로 똑바로(두정융기)   옆으로 똑바로(측두융기)   뒤로 똑바로(후두융기)

5) 시술각(Projection)

인체 해부학상으로 두발이 늘어뜨려지는 길이 또는 위치를 분석하여 형태선의 방향과 특성을 분석할 수 있다.

> 자르는 동안 두피로부터 섹션된 모다발이 빗질되어 들어 올려지는(Elevation) 각도로서 천체축을 가이드로 이용한다.

• 두상곡면에 편편하게(Flat) 놓이는 각도(0°)로서 오른쪽(전방), 왼쪽(후방) 어느 방향에서든 45°씩 증가하는 각도를 측정할 수 있다.

(1) 자연시술각(Natural fall projection)

솔리드형의 이사도라, 스파니엘 스타일과 커트의 외곽 형태선에 적용된다.

(2) 일반 시술각(Normal projection)

두상의 곡면으로부터 모다발을 엘리베이터(1~ 90° 이상)했을 때의 모양을 추상적 (Structure)으로 펼침으로써 디자인라인의 길이 배열을 분석할 수 있다.

종류	시술각
변이 시술각	자연, 직각 방향 외의 모든 방향의 빗질로서 그래듀에이션형의 로우 그래듀에이션 - 낮은(1~30°), 미디움 그래듀에이션 - 중간(31~60°), 하이 그래듀에이션 - 높은(61~89°) 시술각이 적용된다.
직각 시술각	두개골에서 위로 똑바로(두정융기 방향 빗질), 옆으로 똑바로(귀 방향, 측두융기 방향 빗질), 뒤로 똑바로(귀 반대 방향, 후두융기 방향 빗질) 등에 따르거나 유니폼·인크리스 레이어드형에서와 같이 90° 이상 빗질되는 시술각으로 분류된다.

6) 손가락/도구 위치(Finger & Tool position)

파팅(섹션)된 모다발의 빗질 방향과 손가락 위치로서 베이스 섹션(가이드라인)에 대한 손가락의 평행, 비평행되는 위치를 말한다.

① 평행을 이룰 때 두발 길이는 두상에 대해 최단 길이의 선(Line)을 만든다.

② 비평행을 이룰 때 두발 길이는 두상의 위치에 따라 길어지거나 짧아진다(Over direction).

7) 디자인라인

① 각도(Angle)

자를 시 모다발을 들어 올리는(Elevated) 각도로서 두상의 위치와 두피면과 빗질된 두발과의 각도를 일컫는다.

② 각도에 따른 디자인라인의 변화

종류	디자인라인
진행(이동) 디자인라인	두상의 위치인 천체축에 따른 엘리베이션된 각도로 자를 때 단차(Layer)는 무게감이 없는 질감을 나타낸다.
정점(고정) 디자인라인	각도가 낮은 디자인라인을 만들 때, 무게 중심을 첫 번째 섹션(가이드라인)에 두고자 하면, 내측과 외측의 단차(층)가 없는 무게감이 형성된다.
혼합(진행+정점) 디자인라인	무게감을 갖는 고정 디자인라인과 가벼운 질감을 갖는 이동 디자인라인이 혼합되어 나타낸다.

Section 4 커트 시 요구사항 및 유의사항

1 커트 시 요구사항 및 유의사항

1) 통가발 마네킹(또는 위그) 준비하기

(1) 두상 전체의 두발을 모근 중심으로 워터 스프레이한다. 이때 마네킹 얼굴이나 주변으로 물이 뚝뚝 떨어지지 않도록 주의하여 두발 내에 골고루 충분히 분무한 후 타월로 가볍게 닦아낸다.

(2) 블로킹은 커트스타일이 요구하는 등분을 정확하게 지키면서 숙련되게 연결시켜 구획한다.

(3) 시험자는 마네킹 물 적시기, 블로킹하기 등의 커트 시 요구사항에 따라 주변을 미리 정리하는 세심한 자세를 유지해야 한다.

> ✓ 유의사항(감점처리됨)
> ① 도구 준비 및 과제에 맞게 블로킹하지 않았을 때
> ② 두발 물 축이기로서 모근에 충분한 물이 적셔지지 않았을 때
> ③ 작업 자세가 안정되지 않을 때
> ④ 주변 정리 등이 숙련되지 못한 상태에서 자르고 있을 때

2) 작업 진행 시

(1) 커트 시 작업 순서에서 요구되는 기법인 커트 절차의 순서에 따라 주어진 시간(30분) 내에 완성도 있고 정확하게 작업한다.

(2) 커트스타일의 결과인 가이드라인(외곽 형태선)의 모양과 시술각, 무게선 등이 조화롭게 구성되어야 한다.

(3) 작업 진행 중에도 주변 정리와 바른 자세가 요구된다.

✓ 유의사항**(감점처리됨)**

① 주어진 과제에 맞는 작업 순서를 지키지 않았을 때

② 가이드라인에서 설정된 두발 길이를 준수하지 않았을 때

③ 시술 각도(단차, 형태선)가 정확하지 않았을 때

④ 과제가 마무리된 후에도 만지고 있을 때

⑤ 재 커트 시 작업 과정에서 요구되는 자세가 아닐 때

⑥ 주변 정리 등이 숙련되게 하지 못할 때

3) 가위 운행법

① 가위 쥐는 법에 따라 개폐를 정확하게 한다.

② 과제에서 요구되는 분배(빗질)를 정확하게 한다.

③ 베이스 섹션의 크기는 1~1.5cm를 지켜야 한다.

④ 판넬과 판넬을 이어줄 때 연결 동작을 정확하게 한다.

CHAPTER

02 | 헤어 커트의 세부 과제

1 헤어 커트의 작업절차(30분, 20점)

- 1984년도 미용사 자격이 마네킹을 모델로 시행하는 과정에서부터 변함없이 현재까지 이어온 헤어 커트는 레이어드 형태에서 가이드라인 길이만 2~3cm 길어졌을 뿐 변함 없는 과제이다.
- 지금까지 검정형에서 가위 쥐는 법, 자르는 법, 가위나 빗질의 운행법, 블로킹, 섹션 등은 변함이 없으나 그래듀에이션의 호리존탈 분배커트와 레이어드의 버티컬 분배커트가 혼용되어 실제 기술을 볼 수 없도록 변질되었다.
- 그러나 커트의 형태가 갖는 이미지는 옛이나 지금이나 변함이 없으므로 커트에서 요구되는 기본지식과 개념을 본서에서 제시된 내용 또는 그림 사진을 철저하게 훈련된다면 국가자격증(검정형·과정형)을 비롯, 현장에서의 일과도 동일하게 연계되는 과제이다.

준비자세(4점) → 블로킹·섹션·빗질·시술각도(4점) → 가위운행기술(4점) → 커트 형의 완성도(8점)

세부항목	작업요소
1. 준비자세(4점)	1. 마네킹 두발의 모근쪽에 물을 충분히 반드시 도포한다. 2. 마네킹의 두발을 업셰이핑하여 4~5등분으로 블로킹한다. 　(주의! 특히 T.P → E.B.P까지 연결되는 양쪽 측수직선은 약간의 직선이 되도록 한다.) 3. 블로킹은 하나의 두부영역에서 가운데로 향하도록 깔끔하게 틀어서 핀셋으로 핀닝한다. 4. 후두부의 커트 시 마네킹의 두상의 위치는 반드시 15° 정도의 각도로 앞숙임하여 자른다.(주의! 앞숙임하지 않을 경우 가이드라인 길이는 물론 완성 시 단차를 또한 정확하게 표현할 수 없다.) 5. 섹션은 커트의 단위로서 1~1.5cm(가로 세로의 폭)을 유지시켜야 한다. 6. 섹션 후 모근의 파팅선과 동일(평행)한 선에서 빗질이 시작되어야 한다. 7. 빗질은 반드시 굵은 빗살의 빗으로 사용한다. 　(주의! 가이드라인을 제외하고 파팅선이 올라갈수록 굵은 빗살로 빗질함으로써 두발에 당김을 주지 않아 지나친 단차 없는 자연스러운 형태선을 만들 수 있다.)

2. 작업 과정(4점)	커트 시 한번 자르면 다시 모발을 붙일 수 없다. 한 커트, 한 커트 자체가 완성품이다 생각하고 정확하게 훈련과 숙달 과정을 거쳐야 한다. 1. 블로킹은 커트형에 맞게 4~5등분한다. 2. 파팅(1~1.5cm 단위의 섹션)의 시술과정 　• 전대각 파팅은 컨케이브(스파니엘 커트), 후대각 파팅은 컨벡스라인(이사도라 · 그래듀에이션 · 레이어드 커트)으로서 후두면부터 정확하게 작업한다. 3. 빗질 시 굵은 빗살을 이용한다. 자를 시 손가락의 위치는 파팅선과 평행하게 한다. 4. 스케일된 모다발은 노텐션 빗질하여 중지와 인지로 모다발 끝에 와서 판넬을 고정시킨다. 5. 하나의 판넬과 판넬간 이음새 부분은 빗질하여 확인 커트한다. 6. 스케일(레벨과 존)된 모다발을 다 자르고 난 후에는 반드시 콤아웃한 후, 다음 단계로서 1~1.5cm로 파팅하여 스케일을 유지한다.
3. 가위운행 기술 (4점)	1. 손가락과 평행하게 빗질된 판넬을 자를 시 하나 · 둘 · 셋 · 넷의 가위동작을 통해 앞으로만 잘라나간다. 　(주의! 가위운행 시 앞으로만 개폐로 진행한다. 톱질하듯이 하나 자르고 뒤로 밀어내고 둘 자르고 뒤로 미는 불필요한 행동은 금한다). 2. 빗은 판넬을 쥔 모지와 인지 사이에 넣어서 고정시킨다. 3. 가위날 끝을 왼손 중지위의 판넬을 향해 하나 · 둘 · 셋 · 네번 정도로 개폐하여 자르기를 한다.
4. 커트형의 완성도 (8점)	빗질(모류의 방향)과 형태선, 단차 등이 정확해야 한다. 1. 스파니엘은 N.P에서 C.P까지 4~5cm 길게 컨케이브 형태선을 갖춘 단차가 나와야 한다. 2. 이사도라는 목선과 C.P까지 4~5cm 짧게 컨벡스라인의 형태선을 갖춘 단차가 나와야 한다. 3. 그래듀에이션은 목선 가이드라인은 금구선(1~2cm 길게)에서 무게선까지는 4~5cm, 무게선 내에서 1.5cm 정도 그라데이션(미세한 단차)의 컨벡스 형태선을 갖춘 단차를 나타내어야 한다. 4. 레이어드는 N.P에서는 가이드라인 12~14cm를, T.P에서 13~14cm 두발길이를 연결하는 단차를 나타내어야 한다.

Section 1 **스파니엘 커트**

1 스파니엘 커트 완성 작품

2 스파니엘 커트

목표	시험 규정에 맞게 가위와 커트 빗을 사용하여 스파니엘 스타일을 작업한다.	블로킹	4등분
장비	작업대, 민두, 홀더, 분무기	형태선	컨케이브라인(전대각)
도구	커트 가위, 커트 빗, 핀셋	섹션	1~1.5cm
소모품	통가발 마네킹(또는 위그)	시술각	0°
내용	가이드라인 10~11cm, 단차 4~5cm	손의 시술각도	베이스 섹션과 평행
시간	30분	완성상태	센터 파트 후 안마름 빗질

3 사전준비 및 블로킹 순서

도구 및 재료 준비

- ☐ 마네킹
- ☐ 홀더
- ☐ 가위
- ☐ 커트빗
- ☐ 분무기

- ☐ S 브러시
- ☐ 핀셋 5개
- ☐ 흰색 타월 1장

블로킹 순서

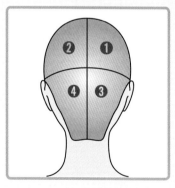

정면

오른쪽 측면

왼쪽 측면

후면

4 원랭스 스파니엘의 실제(30분, 20점)

❶ 반드시 모근을 향해 물을 충분히 분무하여 두발을 업 셰이핑한 후, C.P에서 T.P까지 정중
선(프론트 센터) 파팅한다.

❷ C.P ~ T.P로 정중선을 나눈 다음 T.P에서 E.B.P까지 측수직선 파팅된 영역을 구획(블
로킹)한 후 모다발을 영역의 중심으로 빗질하여 흘러내리지 않도록 핀셋으로 고정시
킨다.

❸ 백 정중선(T.P ~ N.P)으로 파팅하여 후두부를 2개의 좌·우 영역으로 나눈 후 모다발을 핀셋으로 고정시킨다.

✓ 주의

후두부의 두발을 자를 시 두상 위치는 반드시 두상을 앞숙임(15~30°) 상태로 하여 오른쪽 · 왼쪽(양쪽) 전대각 파팅에 따른 컨케이브라인에서 0° 시술각, 자연 분배, 인커트한다.

④ 후두부의 첫 번째 섹션은 네이프라인에서 상향(N.P 2cm, N.S.C.P 1.5cm) 전대각 파팅한 후 컨케이브라인 상태에서 자연스럽게 두발을 빗질(자연시술각 0°)한다.

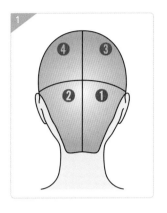

⑤ 후두부의 가이드라인은 N.P 연장선인 금구선을 중심으로 1~2cm 길게(가이드라인 10~11cm) 설정하기 위해 컨케이브라인이 되도록 전대각 파팅의 커트 형태선이 결정된다.

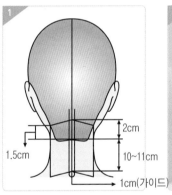

PART 2

헤어 커트

❻ N.P를 중심으로 좌측 N.S.C.P를 향해 0.5cm 길게 전대각이 되도록 인커트한 후 양쪽
N.S.C.P의 길이를 확인하여 후두면의 고정디자인라인 형태선을 설정한다.

❼ 첫번째 디자인 라인을 토대로 두 번째 섹션(1~1.5cm)을 파팅한다.

파팅
(빗을 사용하
두발을 가르

파팅된 후
스케일

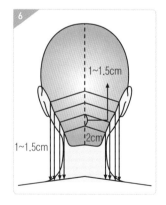

❽ 두 번째 파팅된 컨케이브 라인은 반드시 굵은 빗살로 모근에서부터 빗질한 후 손가락 위치는 파팅과 평행으로하여 하나·둘·셋·넷을 개폐 동작으로 손바닥 안으로 인커트한다.

❾ 세 번째 ~ 아홉 번째 파팅 후 스케일까지 첫 번째 설정된 고정 가이드라인을 중심으로 라운드 형태의 두상에 따라 N.P 중심의 전대각 파팅의 컨케이브라인 형태선이 나오도록 0° 각도로 인커트한다. 스케일된 모다발을 빗질 후 자르고 난 한 판넬과 한 판넬 사이에 다시 빗질하여 중간라인을 재커트하여 선을 이어준다.

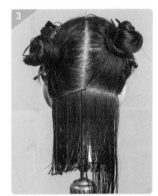

후두면의 두발길이는 N.P를 중심으로
E.B.P까지
2~3cm 단차

- 스케일된 모다발을 빗질 후 자르고 난, 한 판넬과 한 판넬 사이에 다시 빗질하여 중간라인을 재 커트하여 선을 매끄럽게 이어준다.
- 두발이 건조해질 경우 파팅된 모근 가까이에 물 스프레이한 후 모근에서 부터(위에서 아래로) 빗질만으로도 두발은 젖는다. 만약 모근보다 모간을 향해 물을 분무하면 두발 끝쪽으로 물기가 덩어리져 빗질된 상태에서 가이드라인이 보이지 않을뿐 아니라 길이 또한 일정하지 않게 된다.

측두면은 두상을 반드시 똑바로 한 상태에서 전두부의 첫 번째 섹션(1~1.5cm)을 설정한다.

❿ 측두면은 후두부에서와 동일하게 약간의 전대각 파팅, 자연분배 및 시술각(0°), 인커트한다. 이때 후두부 커트라인의 연장된 가이드라인을 중심으로 형태선이 확장된다 (N.P보다 4~5cm 긴 전대각라인이 형성됨).

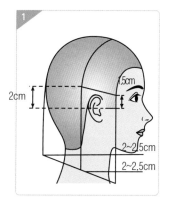

> 특히 전두면은 형태선의 완성도를 나타내는 영역으로서 긴장감을 주지 않는 빗질(No tension)을 하기 위해 굵은 빗살로 자연스럽게 빗질한다.

⓫ 자르는 방법은 후두면의 가이드라인을 연결하는 전대각 파팅으로 자연분배 후 0°로 손바닥 안에서(인커트) 하나·둘·셋·네번의 가위 개폐로 자른다.

- 두 번째 ~ 여섯 번째 섹션(1~1.5cm)까지도 첫 번째 고정 가이드라인을 중심으로 자를 시 외곽형태선(4~5cm 길어지는)이 형성된다.

⓬ 전두면의 오른쪽 정중선은 첫 번째 ~ 세 번째 섹션이 이루어지는 부분이다. 측정중면을 중심으로 동일한 방법으로 자연분배(자연시술각), 고정 디자인라인, 전대각 파팅으로 인커트한다.

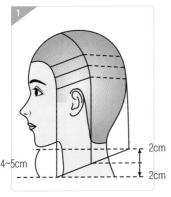  

⑬ 왼쪽 전두부의 측두면은 첫 번째 ~ 네 번째 섹션(1~1.5cm)이 이루어지는 부분이다. 왼쪽 측두면과 동일한 방법으로 전대각 컨케이브라인이 형성된다.

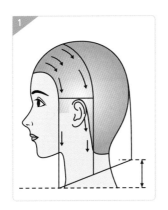  

모양다듬기
(Hair Shaping)
또는 빗질
(Combing)

⑭ 스파니엘 스타일의 완성된 모습

PART 2

헤어 커트

이사도라 커트

1 이사도라 커트 완성 작품

2 이사도라 커트

목표	시험 규정에 맞게 가위와 커트 빗을 사용하여 이사도라 스타일을 작업한다.	블로킹	4등분
장비	작업대, 민두, 홀더, 분무기	형태선	컨벡스라인(후대각)
도구	커트 가위, 커트 빗, 핀셋	섹션	1~1.5cm
소모품	통가발 마네킹(또는 위그)	시술각	0°
내용	가이드라인 10~11cm, 단차 4~5cm	손의 시술각도	베이스 섹션과 평행
시간	30분	완성상태	센터 파트 후 안말음 빗질

3 사전준비 및 블로킹 순서

도구 및 재료 준비

- ☐ 마네킹
- ☐ 홀더
- ☐ 가위
- ☐ 커트빗
- ☐ 분무기

- ☐ S 브러시
- ☐ 핀셋 5개
- ☐ 흰색 타월 1장

블로킹 순서

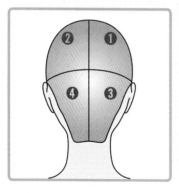

정면

오른쪽 측면

왼쪽 측면

후면

4 원랭스 이사도라의 실제(30분, 20점)

❶ 반드시 모근을 향해 물을 충분히 뿌려서 두발을 적신 후 블로킹을 4등분한다.

❷ 가이드라인 10~11cm를 설정하기 위하여 두상을 앞숙임(15~30° 정도) 상태로 한다.
후두부의 첫 번째 섹션(N.P-1.5cm, N.S.C.P-2cm)은 네이프라인으로부터 후대각이
되도록 파팅한 후 컨벡스 라인이 된다. 이때 이사도라 스타일의 형태선을 만들기 위
해 자연스럽게 노텐션 0°의 시술각이 되도록 두발을 굵은 빗살로 모근에서부터 빗질
(분배)한다.

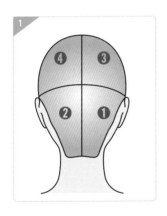

2~3cm

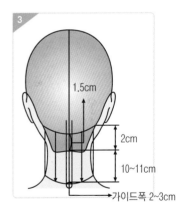

1.5cm

2cm

10~11cm

가이드폭 2~3cm

❸ 첫 번째 섹션에서 자르는 방법은 N.P를 중심으로 10~11cm 정도(금구선을 중심으로 1~2cm 길게) 가이드라인을 설정하여 파팅된 선과 두상의 곡면이 나란하게 컨벡스라인이 되도록 스케일함으로써 자연시술각으로 손바닥 안으로 하여 하나·둘·셋·넷의 가위개폐를 통해(인커트)한다.

❹ 두 번째 섹션(1~1.5cm) 역시 후대각 파팅에 의한 컨벡스라인으로 한 후 첫 번째 섹션에서 설정된 고정 가이드라인을 중심으로 하여 자연시술각으로 N.P를 기준으로 왼쪽으로 향해 가위날을 하나·둘·셋·넷의 개폐 동작을 통해 자른다.

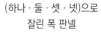

(하나 · 둘 · 셋 · 넷)으로
잘린 폭 판넬

❺ 세 번째 ~ 아홉 번째 섹션까지 첫 번째 설정된 고정 가이드라인을 중심으로 라운드 형
태의 두상에 따라 컨벡스라인의 형태선이 나오도록 인커트한다.

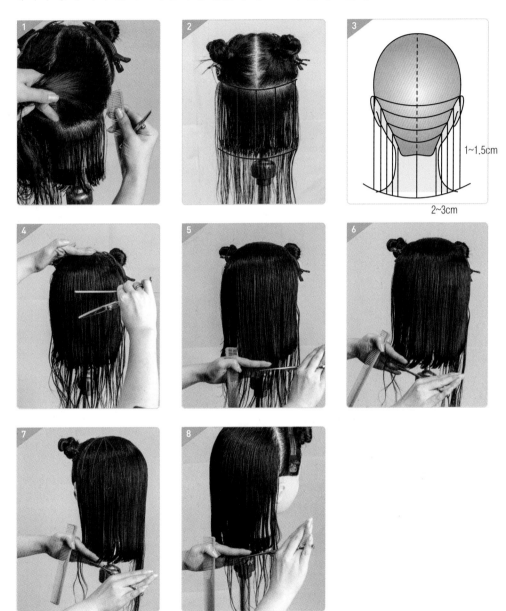

✓ 주의

섹션 후 파팅과 빗질은 반드시 굵은 빗살을 이용한다.

후두면을 자를 시 반드시 마네킹을 앞숙임하여 작업한다.

❻ 두상을 똑바로 한 상태에서 오른쪽 전두부의 첫 번째 섹션(1~1.5cm)을 설정한다. 후두부에서 동일하게 약간의 후대각 파팅된 컨벡스라인으로 자연시술각(0°) 인커트한다.

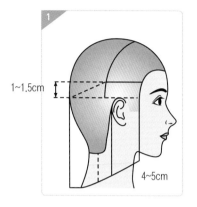

❼ 후두부 커트라인의 연장선으로서 가이드라인과 동시에 형태선이 확정된다(N.P보다 4~5cm 짧은 후대각라인이 형성됨).

특히 측두면은 형태선의 완성도를 나타내는 영역으로서 긴장감을 주지 않는 빗질(No tension)을 하기 위해 <u>두상위치는 반드시 똑바로 상태에서</u> 굵은 빗살로 자연스럽게 빗질하여 인커트한다.

❽ 첫 번째 섹션에서 스케일로 설정된 두발 길이(가이드라인)를 중심으로 하여 정중면까지 자연시술각으로 후대각 인커트한다.

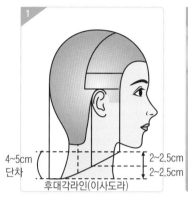

4~5cm
단차

2~2.5cm
2~2.5cm

후대각라인(이사도라)

❾ 오른쪽 후두부와 전두부에서의 후대각 파팅, 고정 디자인라인이 갖는 이사도라 형태
선이다.

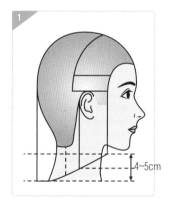

4~5cm

4~5cm 단차가
나도록 형태선을
만든다.

❿ 왼쪽 측두면 역시 오른쪽과 동일하게 후대각라인으로 하나·둘·셋·넷의 가위개폐로 인
커트한다.

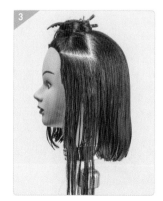

⑪ 정중선을 두상 곡면을 따라 자연스럽게 두발을 빗어준 후 인커트한다. 양쪽 측두면
의 형태선을 동일하게 하기 위해 E.S.C.P의 길이를 확인하고 마무리 콤 아웃(Reset)
한다.

⑫ 완성된 후대각라인의 이사도라 헤어스타일

- 이사도라 커트 형태는 자를 시 두상위치가 중요하다.
- 후두면을 자를 시는 앞숙임(15~30°) 상태에서 자른다. 이를 이행하지 않을 시,
  커트 형태가 다 완성되면 단차가 1~2cm 정도의 그라데이션이 형성된다.
- 전두면을 자를 시, 두상을 똑바로 하지 않고 커트 형태를 완성할 경우, 거의 원
  랭스에 가깝거나 N.P와 E.S.C.P간 단차(6~7cm 정도)가 크게 날 수도 있다.

Section 3 그래듀에이션 커트

1 그래듀에이션 커트 완성 작품

PART 2

헤어 커트

2 그래듀에이션 커트

목표	시험 규정에 맞게 가위와 커트 빗을 사용하여 그래듀에이션형을 작업한다.	블로킹	5등분
장비	작업대, 민두, 홀더, 분무기	형태선	컨벡스라인/무게선 1~2cm 그라데이션 형성
도구	커트 가위, 커트 빗, 핀셋	섹션	1~1.5cm
소모품	통가발 마네킹(또는 위그)	무게선 · 시술각	15~45°/가이드라인과 무게선의 단차 4~5cm
내용	가이드라인 10~11cm	손의 시술각도	섹션과 평행
시간	30분	완성상태	가운데 가르마 안말음 빗질

3 사전준비 및 블로킹 순서

도구 및 재료 준비

☐ 마네킹
☐ 홀더
☐ 가위
☐ 커트빗
☐ 분무기

☐ S 브러시
☐ 핀셋 5개
☐ 흰색 타월 1장

블로킹 순서

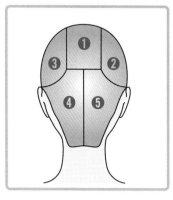

정면

오른쪽 측면

왼쪽 측면

후면

4 그래듀에이션의 실제(30분, 20점)

❶ 두상의 위치를 바르게 한 후 모근과 두발에 물을 충분히 반드시 분무한다.

- C.P를 중심으로 전두면의 영역이 가로 7cm × 세로 7cm가 되도록 블로킹한다.

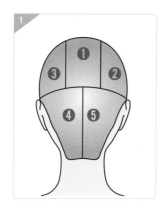
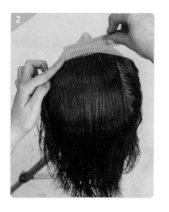

❷ 블로킹된 전두면을 영역화하기 위해 모다발을 전두부 영역의 중간으로 모아 틀어서 사진과 같이 핀닝(Pinning)한다.

❸ 블로킹된 전두면을 중심으로 양 측면을 넓지 않도록(E.B.P를 향해) 측수직선으로 파팅 후 영역화시켜 핀셋으로 모다발을 핀닝한다.

✓ 주의

블로킹 영역간 선이 정확하게 보일 수 있도록 반드시 블로킹 중앙에 빗질된 모다발로 틀어서 영역 중간에 안착되도록 하여 핀셋으로 핀닝한다.

④ 후두면은 T.P를 중심으로 N.P까지 백 센터 파트하여 오른쪽과 왼쪽으로 영역화하기
위해 블로킹한다.

⑤ 백 센터 파트를 중심으로 블로킹된 우영역과 좌영역의 모다발을 우측면과 좌측면으로
사진과 같이 모다발을 핀셋으로 핀닝한다.

❼ 후두면의 가이드 라인을 형성하기 위해 반드시 두상을 앞숙임(15~30° 정도) 상태에서 첫 번째 섹션(N.P-1.5cm, N.S.C.P-2cm)은 네이프라인으로부터 후대각 파팅, 컨벡스라인, 자연분배(0°로 빗질)로 하여 사진에서 보여주는 바와 같이 굵은 빗살을 이용하여 반드시 빗질한다.

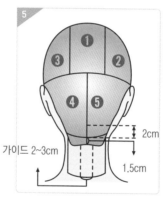

❽ 첫 번째 섹션에서 자르는 방법은 N.P를 중심으로 10~11cm 정도 가이드라인(외곽 형
태선이 됨)을 설정하여 파팅된 선(두상의 곡선)과 나란하게 컨벡스라인의 자연분배
및 시술각으로 인커트한다.

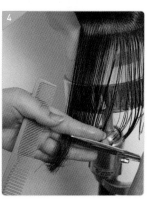

❾ 두 번째 섹션(1~1.5cm) 역시 후대각 파팅 후 컨벡스라인이 설정된다. 첫 번째 섹션에
서 설정된 가이드라인을 포함한 모다발과 두 번째 섹션된 모다발 간 15° 엘리베이션
기법으로 자른다. 이는(두피에 대해 45°로 빗질함) 진행 디자인라인으로서 두상곡면
을 따라 평행으로 인커트된다.

• 하나의 스케일(파팅된)은 굵은 빗살 쪽을 이용하여 모근에서부터 빗질함으로써 모
발 끝에 다달았을 때 왼손의 인지와 중지 사이에 판넬된다.
• 판넬 후 오른손으로 주고 가위의 하나·둘·셋·넷으로 개폐함으로써 잘라나간다.
• 판넬을 다 자른 후 다른 판넬을 만들기 위해 왼손은 ①, ②의 상태를 그대로 유지하
여야 그 다음의 판넬을 위해 유지된 각도를 그대로 가져갈 수 있으므로 숙련된(리
드미컬) 작업 자세를 보여준다.

시술 시 파팅과 손가락 위치가 평행하지 않으면 후두부의 귀 주변으로 갈수록 길이가 길어지거나 짧아질 수 있어 주의해야 한다. 좌측 또는 우측으로 자세를 이동하면서 연결된 정중면과 측정중면의 시술각을 빗질에 의해 동일하게 유지한다.

⑩ 세 번째 ~ 네 번째 섹션에서는 변이분배, 컨벡스라인, 이동(진행) 디자인 라인으로 하는 분배와 시술각으로 인커트한다. 세 번째 섹션은 두 번째 섹션을, 네 번째 섹션은 세 번째 섹션을 변이분배(시술각 30˚), 진행 디자인라인으로 평행 인커트한다. 시술각은 30˚를 유지한다. 세 번째 섹션된 두발 길이의 가이드를 확인하면서 정중선 중심에서 좌 ↔ 우로 온 베이스 인커트한다.

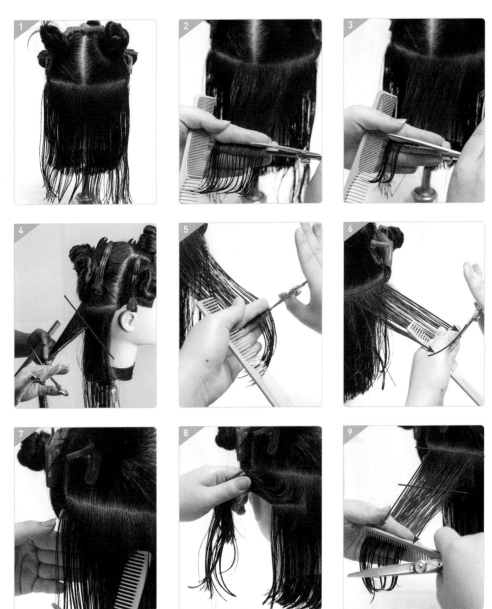

⓫ 네 번째 섹션은 그래듀에이션형의 무게선을 형성시키는 그라데이션 기법이 이루어진다. 이는 혼합 디자인라인으로서 후두부의 열 번째 섹션까지 45° 시술각에 의해 네 번째 섹션이 중심 고정 가이드라인이 된다.

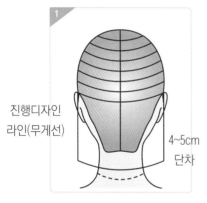

진행디자인
라인(무게선)

4~5cm
단차

⑫ 다섯 번째 섹션은 혼합 디자인라인의 무게선(형태선) 가이드라인의 그라데이션이 형성된다. 네 번째 섹션을 중심으로 열 번째 섹션까지 변이분배, 고정 디자인라인, 컨벡스라인으로 인커트한다.

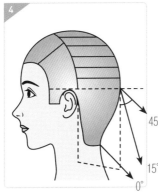

무게선(1~1.5cm 정도 그라데이션을 통해 미세한 단차를 통해 입체감 또는 부피감이 형성된다.)

4~5cm 단차

✓ 주의

①은 가이드라인 10~11cm정도로서 ②의 무게선은 ①과 4~5cm 단차가 나오도록 하고 무게선에서도 ③의 1~1.5cm 정도 그라데이션이 부피감이 형성되도록 함으로서 총 5~6.5cm의 단차가 형성된다. 따라서 2중 블럭의 단발(원랭스) 길이의 무게선이 아님을 나타내어야 한다.

⑬ 두상의 위치를 똑바로(Up right) 했을 때 측두면의 첫 번째 섹션은 그래듀에이션의 외곽 형태선이 된다. 따라서 후두면의 네 번째 섹션에서의 두발 길이를 중심으로 자연시술각, 후대각 파팅으로 인커트한다.

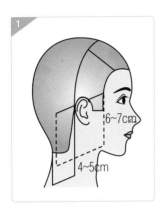

✓ 주의
측두면의 파팅(1~1.5cm) 후 두발 빗질 시 반드시 굵은 빗살을 이용하여야 노텐션에 따른 길이조정이 자연스럽게 떨어진다.

⑭ 측두면의 두 번째 섹션(1~1.5cm) ~ 세 번째 섹션은 변이분배로서 30°시술각에 의해 그라데이션된 무게선이 형성된다. 이때 전진(이동) 디자인라인에 의해 블런트 기법으로 인커트한다. 네 번째 섹션 역시 두 번째 섹션을 가이드로 하여 그라데이션 기법으로 인커트된다.

- 사진 ④⑤⑥ 측두면의 자르기에서와 같이 측정중면을 연결하여 우선 자른 후 얼굴쪽으로 연결하여 자른다.
- 측정중면쪽과 연결된 측두면 판넬을 자르고 오른쪽으로 연결하여 자를 시 판넬을 잡은 왼손을 잘라 각도를 유지하기 위해 모발 끝을 그대로 잡고 있어야 한다.

⑮ 전두부는 센터 파팅 후 변이분배, 혼합 디자인라인, 인커트 등 동일하게 자른다.

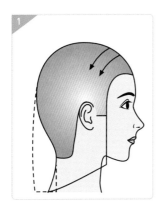

⑯ 양쪽 전두부의 두발을 정중선으로 나누어 여러 번 빗질하고 두발의 장단이 생기지 않도록 커트한다. 커트가 완성된 후 깔끔하게 빗질하면서 콤 아웃으로 마무리한다. 섹션, 변이분배, 혼합 디자인라인, 인커트 등 동일하게 자른다.

⑰ 좌측도 동일한 방법으로 커트한다. 두발을 정중선으로 나누어 여러 번 빗질하여 두발의 장단이 생기지 않도록 굵은 빗살로 노텐션 빗질 후 하나·둘·셋·넷의 가위 개폐로서 자른다.

⑱ 커트가 완성된 후 깔끔하게 빗질하여 콤 아웃으로 마무리함으로서 컨벡스라인의 그라데이션 기법에 따른 그래듀에이션형이 완성된다.

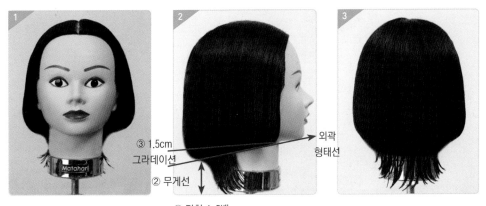

③ 1.5cm
그라데이션

외곽
형태선

② 무게선

① 단차 4~5배

Section 4 레이어드 커트

1 레이어드 커트 완성 작품

2 레이어드 커트

목표	시험 규정에 맞게 가위와 커트 빗을 사용하여 레이어드형을 작업한다.	블로킹	5등분
장비	작업대, 민두, 홀더, 분무기	형태선	컨벡스라인
도구	커트 가위, 커트 빗, 핀셋	섹션	1~1.5cm
소모품	통가발 마네킹(또는 위그)	시술각	90°
내용	가이드라인 12~14cm	손의 시술각도	섹션과 직각, 온 베이스
시간	30분	완성상태	센터 파트 후 안말음 빗질

3 사전준비 및 블로킹 순서

도구 및 재료 준비

- ☐ 마네킹
- ☐ 홀더
- ☐ 가위
- ☐ 커트빗
- ☐ 분무기

- ☐ S 브러시
- ☐ 핀셋 5개
- ☐ 흰색 타월 1장

블로킹 순서

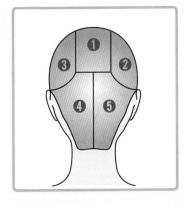

정면

오른쪽 측면

왼쪽 측면

후면

4 레이어드의 실제(30분, 20점)

❶ 두상의 위치를 바르게 한 후 반드시 두피 가까이 모근에 물을 충분히 분무한다.

   • C.P를 중심으로 전두면의 영역이 가로 7cm ×세로 7cm가 되도록 블로킹한다.

❷ 블로킹된 전두면을 영역화하기 위해 양 측두선을 연결하여, 모다발을 사진에서와 같
   이 핀셋으로 핀닝(Pinning)한다.

❸ 블로킹된 전두면을 중심으로 양 측면을 영역화시킨 측중면의 모다발을 핀닝한다.

❹ 후두부는 T.P를 중심으로 N.P까지 백 센터 파트하여, 오른쪽과 왼쪽으로 영역화하기 위해 블로킹한다.

❺ 백 센터 파트를 중심으로 블로킹된 우영역과 좌영역의 모다발을 사진에서와 같이 핀 닝한다.

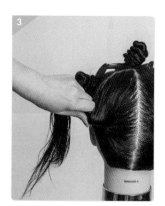

❻ 블로킹을 5등분한다.

❼ 후두부 ④, ⑤영역에서 레이어드형의 가이드라인을 설정하기 위해, 반드시 두상 위치 (Head position)를 앞숙임(15~30° 기울임) 상태에 둔다.

- 외곽선인 가이드라인을 설정하기 위해, 첫 번째 섹션은 목선을 기준으로 상향 2cm 정도로 하여 자연시술각 0°로 빗질한다.
- 12~14cm 정도의 길이로 목선을 기준으로, 두상의 형태로 약간 둥근(Convex) 느낌 으로 자연시술각 0°를 유지하며 자른다.
- 양 측면(N.S.C.P) 길이를 확인한다.

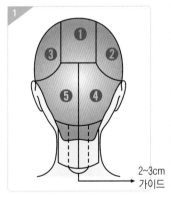  

❽ 두 번째 섹션(1~1.5cm)은 컨벡스라인으로 하고, 빗질 방향과 시술각은 첫 번째 섹션 을 가이드라인으로 하여 90°(직각분배) 온 베이스로 진행 디자인라인, 인커트한다.

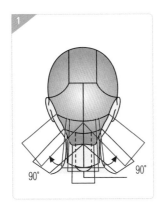

❾ 세 번째 섹션의 컨벡스라인 후대각 파팅은 두 번째 섹션을 가이드라인으로 하여 레이어 기법으로 직각분배(90°), 온 베이스로 수평 진행 디자인라인, 인커트(손바닥이 보이도록 하여 모다발을 쥐고 커트 함)한다.

❿ 네 번째 섹션의 컨벡스라인은 13~14cm 길이가 되도록 ❾의 레이어된(층이 난) 두발을 가이드로 하여 90°, 온 베이스, 인커트한다.

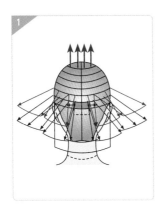

⑪ 다섯 번째 ~ 여섯 번째 섹션의 컨벡스라인은 ⑩의 레이어된 두발을 가이드로 하여 두피에 대하여 직각분배, 온 베이스, 인커트한다.

⑫ 일곱 번째 섹션(1~1.5cm 폭)의 컨벡스라인은 13~14cm가 유지되도록 ⑪을 가이드라인으로 직각분배(모근에 대해 90°), 온 베이스, 하나·둘·셋·넷의 가위 개폐 동작에 따른 아웃커트(손등이 밖으로 향하는)를 한다.

⑬ 두정부의 두정면에서 여덟 번째 섹션의 컨벡스라인은 13~14cm가 유지되도록 ⑫를 가이드라인으로 직각분배(진행 디자인라인), 온 베이스, 아웃커트한다.

버티컬 파팅과 온베이스 빗질에 따른 손등이 보이도록 가위 쥐는 동작에 반드시 주의해야 한다.

⑭ 오른쪽 측두면(2영역)의 모다발을 호리젠탈(수평)라인으로 2cm 정도 가이드(외곽)라
인으로 파팅하여 0°(Natural fall)로 빗질한다.

⑮ 측두면의 첫 번째 섹션은 측정중면을 가이드라인으로 기준길이를 원랭스로 설정한 후
다시 층을 내기 위해 자연분배, 자연시술각, 인커트한다.

⓰ 측두면의 두 번째 ~ 세 번째 섹션은 수평 파팅 또는 직각 파팅으로서 측정중면과 ⓯
을 중심가이드라인으로 13~14cm가 유지되도록 직각분배, 온 베이스, 진행 디자인라
인, 인커트한다.

⓱ 왼쪽 측두면(3영역) 역시 오른쪽 측두면 커트 절차와 동일한 방법인 진행 디자인라인,
인커트한다(정확하게는 그림에서와 같이 레이어로 자르기는 가이드라인을 제외하고
버티칼 파팅을 한 후 직각분배(모근에서 90° 빗질), 아웃커트를 해야 한다. 그러나 거
의 대부분 시험자가 수평 파팅과 인커트를 통해 자르고 있기 때문에 자르는 선이 일정
하지 않고 자를 시 절도있는 정확한 동작이 나오지 않고 있다).

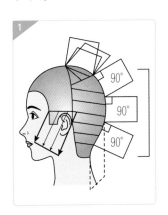  

⑱ 전두부(1영역)는 C.P를 중심으로 1~1.5 섹션으로 파팅한 후, T.P의 두발 길이(후두부 가이드 라인)를 중심으로 직각분배, 온 베이스, 진행 디자인라인, 아웃커트한다.

점선 부위는 잘린 부분으로
Side의 가이드가 됨

⑲ T.P~C.P까지 13~14cm의 길이를 유지하기 위해 직각분배, 온 베이스, 아웃커트한다.

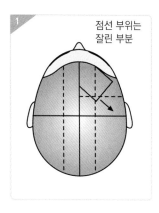

점선 부위는
잘린 부분

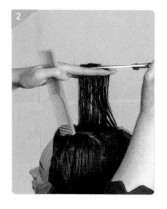

⑳ 정중면의 두발 길이를 가이드라인으로 하여 전두부의 양 측면의 두발이 13~14cm 되도록 직각분배, 온 베이스, 아웃커트한다.

㉑ 레이어 기법에 따른 유니폼 레이어드형이 완성된다.

PART 3

블로 드라이 스타일

CHAPTER

01 | 블로 드라이 스타일의 이해

헤어 블로 드라이 스타일링

블로(Blow)란 '바람이 불다'라는 뜻으로, 블로 드라이어에 의한 열과 바람(온풍, 열풍, 냉풍)을 이용하여 젖은 모발을 빠른 시간 내에 건조시키면서 헤어스타일을 만드는 것을 말한다. 블로 드라이 스타일링 과정은 일정한 텐션과 모류에서의 볼륨감과 윤기를 부여한다.

1 블로 드라이 스타일링의 기초

> 블로 드라이 스타일링의 궁극적인 목적은 헤어 커트와 헤어 펌을 보완하는 이미지 메이킹이다.

블로 드라이어는 핵심 부분인 팬과 팬을 작동시키기 위한 모터 그리고 발열기인 니크롬 선으로 이루어져 있다.

1) 블로 드라이어

살롱용으로서 1kw(1,000w) 이상의 대용량의 전기를 이용한다. 이는 헤어스타일을 구사하는 필수적인 기기인 핸드 드라이어이며, 컬 또는 웨이브를 만들 때 열풍(Hot blow)이나 냉풍(Cold blow)은 물론 바람의 강약도 조절할 수 있다.

> ✓ 블로 드라이어의 선정
> - 모터 소리가 크지 않아야 한다.
> - KS 마크가 표시된 제품을 구입한다.
> - 작동이 간편하여 가볍고 안전성이 있어야 한다.
> - 바람조절 스위치와 부속품이 견고해야 한다.
> - 고성능 기능으로서 전기 사용량이 적어야 한다.
> - 기기의 안전성이 뛰어나면서 사용기간이 길어야 한다.

2) 브러시류

드라이어와 함께 사용되는 브러시는 열에 강한 내연성의 재질이어야 한다.

(1) 하프 라운드 브러시(Half round brush)

① 덴맨 브러시(Denman brush) : 큐션 브러시 또는 Wide round shoulder brush라고도 한다.

- 스탠다드 브러시로서 모발에 윤기와 부드러운 질감을 표현한다.
- 열에 강하며 모발에 강한 텐션과 모근에 볼륨감을 주는 데 사용된다.
- 스케일된 모다발 끝에 부드러운 컬인 겉말음 컬(Reverse curl)과 안말음 컬(Forward curl)을 할 수 있다.

② 벤트 브러시(Vent brush) : 스켈톤 브러시(Skeleton brush)라고도 한다.

- 짧은 스타일, 웨이브 펌 스타일 등 가벼운 스타일링에 사용된다.
- 빗살이 듬성듬성하여 모발 표면의 흐름을 거칠게 하는 단점이 있으나 모근에 볼륨과 모류의 흐름(Hair direction, Stem)을 잡아준다.

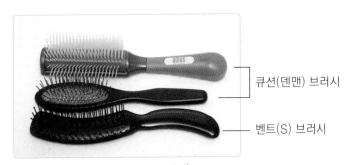

큐션(덴맨) 브러시

벤트(S) 브러시

〈덴맨 브러시와 벤트 브러시〉

(2) 라운드 브러시(Round brush)

롤 브러시라고도 하며 둥근 모양이다. 이는 곡선인 두상의 모양에 따른 모류의 방향을 만드는 데 중요한 역할을 한다. 롤 브러시의 크기에 따라 다른 컬 또는 웨이브의 강·약이 달라진다.

① 작은 롤 브러시(Small roll brush)

- 강한 컬을 만드므로 짧은 두발에 사용된다.
- S 웨이브(Full wave)에 많이 응용된다.

② 큰 롤 브러시(Big roll brush)

- C 컬(Half wave)과 텐션 기법을 요구할 때 사용된다.
- 롱 헤어 또는 곱슬 모발 등에 스트레이트(Straight) 기법에 사용된다.

3) 블로 드라이어 및 라운드 브러시 사용법

(1) 블로 드라이어 사용법

모델과의 거리는 25~30cm로서 곧은 자세로 팔의 움직임(상·하 또는 좌·우)에 의해서 작업이 시도된다.

① 핸드 드라이어의 손잡이(Grip)를 쥐는 법

ㄱ 주로 건조(Drying)시키거나 스트레이트 스타일을 완성할 때 일반적으로 쥐는 방법이다.

ㄴ 모발 전체의 흐름(모류)을 바꾸거나 새로운 흐름을 만들고 싶을 때 쥐는 방법이다.

- 컬이나 웨이브를 만들 때 또는 가벼운 스트레이트 작업에 적당한 자세이다.
- 상 · 하, 좌 · 우로 움직임을 원활하게 할 수 있는 방법이다.
- 드라이어를 쥔 손의 손가락(인지, 중지, 약지, 소지 등)으로 모다발(Panel)을 일시적인 각도를 유지하기 위해, 쥐거나 직경을 나눌 때 등 여러 가지 방법에서 동작 기법을 연결시키기 위해 주로 사용된다.

② 출구(Slotted nozzle)를 쥐는 법

ㄱ 노즐은 드라이어 바람이 집중적으로 모아져 둥글게 퍼져 나오는 출구이다. 따라서 컬의 방향을 변화시키거나 컬의 형태를 명확하게 표현하고 싶을 때, 모발

의 일정 부분에만 부분적으로 스타일링하고자 할 때 쥐는 방법이다.

ⓛ 노즐을 쥐고 운행 시 바람의 방향을 쉽게 조절할 수 있으며, 섬세하고 또렷한 웨이브를 내기가 쉽다. 일정한 컬이나 인위적이고 고정된 형태의 스타일을 완성할 때 쥐는 방법이다.

✓ • 드라이어의 노즐을 쥐고 작업할 때는 손의 일부처럼 드라이어 무게를 줄이면서 가볍게 조작하고자 할 때이다.
• 상·하로 움직임을 줄 때 편리하다.
• 모근의 볼륨감을 많이 주고자 할 때 사용된다.
• 스트레이트 시 드라이어 무게감을 적게 하고자 할 때 편리하다.

---

③ 블로 드라이어 사용 시 주의점

  ㄱ 블로 드라이어의 운행 시 전기선이 고객의 어깨, 얼굴 등에 닿지 않도록 한다.

  ⓛ 드라이어는 사용 중이거나 보관 중에 떨어뜨리지 않아야 한다.

  ⓒ 드라이어에서 방산되는 열을 두피 가까이에 바짝 대지 않도록 한다.

    • 두피에 화상을 입힐 수 있다.

  ⓔ 드라이어를 모발에 지나치게 가까이 대지 않도록 한다.

    • 모발이 공기 흡입구로 빨려 들어가거나 모발이 탈 수 있다.

  ⓜ 드라이어 필터 흡입구는 항상 청결해야 한다.

    • 막혀 있으면 공기가 자유롭게 들어오지 못하여 모터에 무리가 가거나 전극이 탈 위험이 있다.

〈그립을 쥐는 방법〉

〈노즐을 쥐는 방법〉

(2) 라운드 브러시 사용법

① 웨이브작업을 위한 동작

- 인지와 엄지를 원을 만들 듯이 브러시의 손잡이 부분을 살짝 쥐고 360° 회전시킬 수 있도록 나머지 중지, 약지, 소지는 인지와 나란히 마주 쥔다.
- 360° 회전시키기 위해 먼저 엄지를 인지에 갖다 대면서 180° 정도 손바닥 안에서 회전(Rolling)시킨다.
- 롤링시키면서 제 위치로 돌아온다.

② 텐션작업을 위한 동작

- 스트레이트로 펴기 위해 텐션(긴장감)을 주는 동작이다.
- 왼손바닥을 펴서 손가락 위로 롤 브러시를 대고 손바닥을 쭉 내려오면서 훑어 내려왔던 손바닥에서, 롤 브러시를 거꾸로(손가락 끝으로) 말아 올리는 방식으로 브러시를 롤링시킨다.
- 기법을 구사하는 데 있어서 자세를 유지하기 위해 롤 브러시를 360° 회전시킴으로써 원위치로 돌아온 상태이다.

Section 2 **블로 드라이 스타일의 기초 기술**

1 **블로 드라이 스타일링의 기술**

건조된 모발에 적당한 물기를 준 다음, 드라이어 열을 이용하여 디자인된 조형을 구사한다.

1) 블로 드라이 스타일 기술의 목적

(1) 롤러 브러시를 이용하여 버티컬라인으로 컬리스된 모발을 원하는 방향으로 꺾는다.

> ✓ 모다발의 방향을 바꾸기 위해 열을 주는 지점을 '꺾는다'라고 하며, 이를 파워포인트(Power point, PP지점)라고 한다.

(2) 모다발을 호리존탈라인으로 하여 안 또는 밖으로 꺾을 수 있다.

   ① 인커버(In curve) : 안말음형으로서 모다발을 안으로 말아 넣는(꺾는) 기술이다.

   ② 아웃커버(Out curve) : 바깥말음형으로서 모다발을 바깥으로 말아 넣는 기술이다.

(3) 모다발을 원하는 방향으로 펼 수 있다.

(4) 컬리스(Curliness)된 컬이나 와인딩된 웨이브를 강하게 또는 약하게, 크게 또는 작게 만들 수 있다.

(5) 모발에 윤기가 나도록 모발의 겉표정(질감)을 정리하거나 모발의 흐름(모류)을 만들어 주는 섬세한 선을 만들 수 있다.

2) 블로 드라이어의 바람 조절

드라이어의 열풍은 뜨거운 바람으로서 모발에 직접 쏘이는 것은 대충 말릴 때이다. 바람의 방향은 두피 가까운 모근에서 모발의 끝으로 한다.

(1) 바람은 모다발을 감은(컬리스된) 상태의 브러시에 대해 90°로 유지하면서 다림질된다.

   ① 드라이어 열풍은 한 위치에 오래 머물러서는 안 된다.

   ② 뜨거운 바람이 두피 내에 직접 닿지 않게 하여 두피 가까이 있는 모발(모근)을 말린다.

   ③ 바람의 방향은 모다발이 말려 감긴 롤러의 방향과는 반대의 흐름을 갖는다.

④ 모델의 두피가 화상을 입지 않도록 항상 드라이어의 방향에 주의해야 한다.

(2) 블로 드라이 스타일은 모발이 충분히 식은 후(차가운 바람으로 식힐 수도 있음)에 콤 아웃한다.

(3) 블로 드라이에서 두피 근처의 모발을 먼저 말려 주고, 모발 끝 부분을 말려 주는 것에서 80% 이상의 스타일이 연출(전처리 스타일)된다. 이때 말려주는 동시에 모근에 볼륨을 줄 수도 안 줄 수도 있다.

(4) 모발 끝 부분은 습도를 약간 남긴다. 본처리 시 롤 브러시를 이용하여 자연스러운 컬을 만들면서 건조시킬 수 있다.

(5) 블로 드라이 스타일은 컬 또는 웨이브를 만들기 전에 완성된 헤어스타일의 형태 (Form)를 잡아 주는 것이 바람직하다.

(6) 두상 전체를 다 말린 뒤에는 롤 브러시를 이용하여 두피 가까이 있는 모근에 볼륨을 준다하더라도 오래가지 않는다.

(7) 헤어 스타일링제를 모근에 도포한 후 말림과 동시에 볼륨을 주면 부피감이 오래간다.

(8) 드라이어 사용 전에 모발의 상태와 브러시 상태, 드라이어 흡입구 등을 반드시 체크해야 한다.

2 블로 드라이 스타일의 절차

1) 헤어 커트 스타일의 관찰

커트 유형에 따라 어떤 유형의 패턴(스타일)으로 블로 드라이 스타일을 할 것인지를 결정한다.

2) 블로 드라이 스타일과 제품

헤어로션, 무스 등을 모발에 도포한 후 컬 또는 웨이브의 강(Hard)·약(Soft) 스타일에 대한 이미지를 부여하여 몰딩한다. 원하는 형태를 갖추기 위해 모발에 큰 움직임(Power drying)을 주면서 모발의 방향과 흐름을 조절하거나 만들면서 말린다.

3) 블로 드라이 스타일 기법

모발 길이에 따른 브러시 선정(모질과 드라이 스타일에 따라)은 어떤 컬 또는 웨이브를 할 것인가에 따라 결정된다.

4) 블로 드라이 스타일링 시 운행각도

블로 드라이 스타일링은 볼륨과 모발 흐름을 유도하며, 핑거 또는 브러시를 선택하여 두상면에 따른 몰딩 과정에서의 시술각(0°, 15°, 45°, 90°, 135°)을 요구한다.

(1) 안말음형(In curl)

① 1직경 스케일된 모다발은 90° 이상의 온 베이스, 논 스템이 되게 브러시를 안착시킨다.

② 안착된 브러시는 모근에서 1/3 지점까지 3번 정도 스트레이트 방식으로 열처리 다림질한다. 드라이어와 브러시 각도는 90°를, 모다발은 모근의 90°를 유지한다.

③ 모근에서 1/3 지점 이후 모간의 2/3 지점까지 3번 정도 스트레이트 방식으로 열처리 다림질한다. 드라이어와 브러시 각도는 90~180° 정도를, 스케일된 모다발은 모근의 45°를 유지한다.

④ 모근 2/3 지점(모간 끝 부분)까지 3번 정도 스트레이트 방식으로 열처리 다림질한다. 드라이어와 브러시 각도는 180~270° 정도를, 모다발은 모근의 45~0°를 유지하면서 브러시를 제거(Brush out)한다.

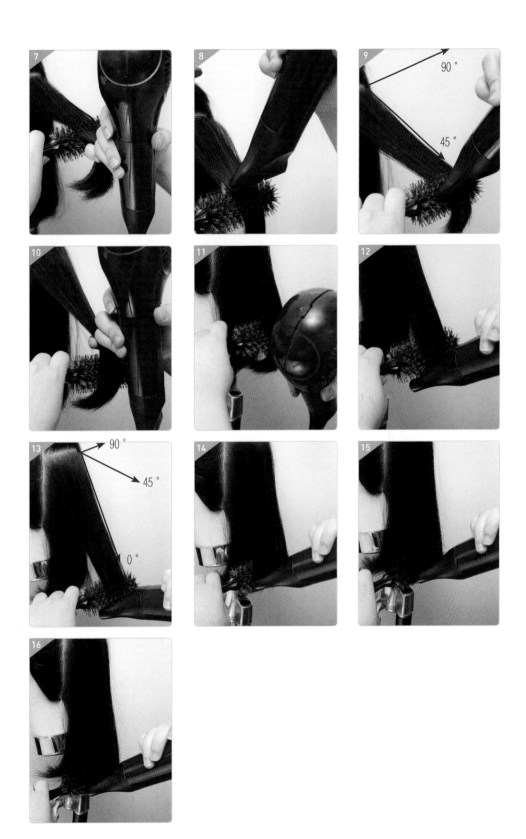

(2) 겉말음형(Out curl)

① 1직경 스케일된 모다발은 90° 이상의 온 베이스, 논 스템이 되도록 브러시를 모근 가까이에 안착시킨다. 안착된 브러시는 모근에서 1/3 지점까지 3번 정도 스트레이트 방식으로 열처리 다림질한다(드라이어와 브러시 각도는 모근에 90°를, 모다발은 모근에 온베이스를 유지한다).

② 모근에서 1/3 지점 이후 모간의 2/3 지점까지 스트레이트 방식으로 열처리 다림질한다. 드라이어와 브러시 각도는 90~180° 정도를, 모다발은 모근에 45°를 유지한다.

  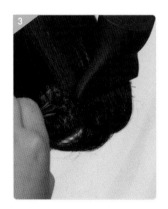

③ 모근 2/3 지점(모간 끝 부분)까지는 모다발 위로 브러시를 안착(Bevel up)시켜 롤 브러시와 손을 이용하여 모다발을 한 바퀴 감는다. 감긴 모다발을 당기고 푸는 반복 동작으로 다림질 후 정상과 골에 열풍을 집중적(5~7초)으로 에어 포밍(Air forming)하여 아웃 컬을 만든다.

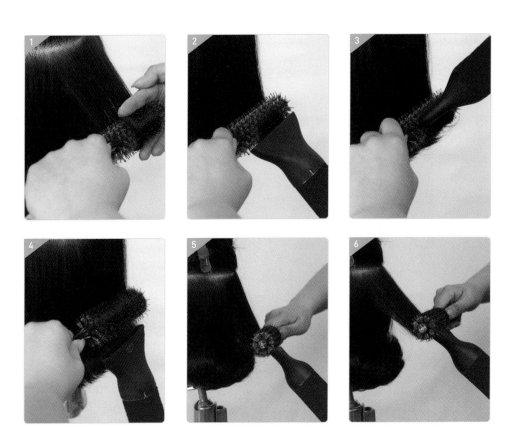

④ 와인딩된 롤 브러시를 제거하기 위해 오른손의 중지와 인지를 모다발 사이에 끼워 넣고 롤브러시를 시계 반대 방향으로 돌리면서 뺀(제거)다.

⑤ 롤 브러시를 제거한 후 마무리된 상태이다.

5) 프리드라이(전처리) 시 기술

핑거 블로 드라이 기술로서 본처리 전 단계에서 시행된다. 프리드라이 시 실제 완성스타일을 이미지화한 후 행하면 블로 드라잉 작업이 쉬워진다.

① 로테이션 블로 드라잉 : 손바닥을 사용하여 두피 가까이에 있는 모근을 돌려가며 (Rotation) 문지르면서 볼륨(모근을 살리는)을 만드는 기법이다.

② 스트레치 블로 드라잉 : 손가락을 사용하여 모근을 세워서 바람을 넣는 듯한 형태로 모발 끝까지 모간을 따라 펼치면서(Stretch) 형태를 만드는 기법이다.

③ 파워 블로 드라잉 : 모발에 큰 움직임(Power)을 주면서 모발을 말리는 기법이다.

④ 트위스트 블로 드라잉 : 모다발을 빙빙 돌려 꼬아서(Twist) 말리는 기법으로 모다발을 하나로 묶어서 질감을 내는 기법이다.

> ✓ **프리드라이 시 주의점**
> ① 드라이어의 열풍 방향에 주의해야 한다. 모발 끝 부분은 모간 부위보다 2배 정도 습기가 남도록 한다.
> ② 커트스타일과 동일한 볼륨 또는 모류를 유지하도록 드라이 스타일링한다.
> ③ 완전 건조된 모발을 100%라고 했을 때 모근 90% → 모간 80% → 모발 끝 70% 정도 건조해야만 본처리 작업 시 모발에 윤기 있는 스타일을 연출할 수 있다.

6) 본처리 시 기술

① 롤 브러시 블로 드라잉 : 라운드 브러시를 사용하여 웨이브를 만드는 기술이다.

② 덴맨 브러시 블로 드라잉 : 덴맨 브러시를 사용하여 볼륨과 스트레이트 또는 컬과 웨이브를 만드는 기술이다.

③ 벤트 브러시 블로 드라잉 : 벤트 브러시를 이용하여 모발의 방향인 모류를 설정하고 모근에서 볼륨을 만드는 기술이다.

3 블로 드라이 시 자세

① 양발은 어깨너비만큼 벌리고 한쪽 발은 앞으로 약간 내밀어 균형 있는 편안한 자세를 취한다.

② 팔 동작은 어깨보다 높이 올라가지 않도록 하며, 허리를 굽히지 않고 팔 동작만으로 조작한다.

③ 모델과는 적당한 간격을 유지해야 한다. 너무 가깝거나 떨어져 있으면 좋은 스타일을 만들 수 없다.

④ 드라이어가 가벼운 것은 시험자의 겨드랑이에 끼워 놓고 블로킹이나 파팅을 하기도 하지만 외관상 좋지 않고 작업 시간이 오래 걸릴 수도 있다. 라운드 브러시를 쥔 손으로 핀셋과 함께 파팅을 하는 것도 무관하다.

| Section 3 | 블로 드라이 스타일링 시 요구사항 및 유의사항 |

1 블로 드라이 스타일링 시 요구사항 및 유의사항

1) 통가발 마네킹 또는 위그

① 두상 전체의 두발을 모근 중심으로 골고루 적당히 건조시킨다.

② 블로킹은 블로 드라이 시 요구되는 등분을 정확하게 연결시켜 구획한다.

③ 시험자는 블로 드라이 스타일의 요구사항에 따라 주변을 정리하며 작업에 요구되는 세심한 자세를 유지한다.

> ✔ 유의사항(감점처리됨)
> ① 도구 준비 및 과제에 맞게 준비하지 못하였을 때
> ② 블로킹이 블로 드라이 작업에 적절하지 못할 때
> ③ 작업자세가 올바르지 않을 때
> ④ 주변정리 등 능숙하게 준비하지 못할 때

2) 블로킹

(1) 작업 순서에 따라 블로킹 과정과 드라이 작업 순서로 진행과정이 정확해야 한다.

(2) 두상을 4등분으로 하고 네이프에서부터 블로 드라이 스타일링을 숙련되게 진행한다.

> ✔ 유의사항(감점처리됨)
> ① 두상을 4등분하지 않았을 때
> ② 네이프부터 블로 드라이어 스타일링을 숙련되게 진행하지 않을 때

(3) 직경 및 스케일

① 롤러의 직경에 따른 베이스 크기를 정확하게 지켜야 한다.

② 블로킹 부위별로 베이스 크기(롤러의 직경)를 활용하여 가로 또는 사선으로 숙련되게 파트한다.

(4) 각도 및 열처리

① 두상이 갖는 시술각의 볼륨을 활용해야 한다.

② 전체 두상의 조화미를 고려한 시술각을 활용할 수 있어야 한다.

③ 드라이어와 브러시의 운행각도는 작업하고자 하는 모다발의 방향과 동시에 열처리된다.

> **✓ 유의사항(감점처리됨)**
> ① 네이프, 백·톱의 영역별 두상이 이루는 각도를 고려하여 균형 있는 볼륨과 시술각이 지켜지지 않았을 때
> ② 두상 측면(사이드)에 너무 많은 볼륨이 형성된 경우
> ③ 드라이어와 브러시의 활용방법이 미숙할 때
> ④ 드라이어의 브러시 활용 시 열처리 기법이 미숙할 때

(5) 드라이어 활용

① 드라이어를 잡은 손과 빗을 잡은 손의 활용이 능숙해야 한다.

② 빗과 드라이어의 거리를 조절할 수 있는 활용력이 있어야 한다.

(6) 드라이어와 브러시 운행

① 모다발은 90° 이상의 온 베이스, 논 스템이 되게 브러시를 안착시킨다.

② 안착된 브러시는 모근에서 1/3 지점까지, 3번 정도 스트레이트 방식으로 스트레치 드라잉한다. 드라이어와 브러시 각도는 90°를, 모다발은 모근의 90°를 유지한다.

③ 모근에서 1/3 지점 이후, 모간의 2/3 지점까지 3번 정도 스트레이트 방식으로 스트레치 드라잉한다. 드라이어와 브러시 각도는 90~180° 정도를, 모다발은 모근의 45°를 유지한다.

④ 모근 2/3 지점(모간 끝 부분)까지, 3번 정도 스트레이트 방식으로 열처리후 롤링으로 다림질한다. 드라이어와 브러시 각도는 180~270° 정도를, 모다발은 모근의 45~0°를 유지하면서 브러시 아웃한다.

> **✓ 유의사항(감점처리됨)**
> ① 드라이어를 잡은 손과 브러시를 쥐는 손의 활용이 미숙할 때
> ② 드라이어의 스케일된 모다발 간 거리 조절이 미숙할 때
> ③ 드라이어와 브러시의 각도 및 열처리 방법이 미숙할 때
> ④ 모근, 모간, 모간 끝 부분의 브러시 활용방법과 시술각처리, 열처리 기법이 미숙할 때

(7) 모발의 질감 표현

　　① 블로 드라이어의 열풍을 이용하여 다림질된 모발 상태는 윤기가 나야 한다.

　　② 모다발 끝의 상태는 다림질(드라이 열처리와 브러시 동작이 수반되는)이 되지 않아 꺾임이나 엉킴이 없어야 한다.

✓ 유의사항**(감점처리됨)**
　① 드라이 스타일이 완성된 상태에서 모발 표면이 건조하고 윤기가 없을 때
　② 다림질이 제대로 되지 않아 모다발 끝이 꺾이거나 엉키는 등 질감 표현이 미숙할 때

(8) 완성도 및 조화미

　　① 두상의 볼륨과 관련된 전체적인 구도에서 완성미를 갖추어야 한다.

　　② 블로 드라이 스타일링 상태에서 조화미를 갖추어야 한다.

✓ 유의사항**(감점처리됨)**
　① 두상에서 볼륨 처리가 미숙할 때
　② 전체적으로 스타일링의 숙련도가 부족할 때
　③ 스타일링된 완성 상태의 조화미가 미숙할 때

CHAPTER 02 | 블로 드라이 스타일의 세부 과제

1 블로 드라이 스타일의 작업절차(30분, 20점)

- 모근을 업(볼륨을 갖는)시키기 위해, 모다발을 135°로 들어 온 베이스, 논 스텝이 되도록 롤 브러시를 안착시킨다. 1직경 스케일에 안착된 모근에 열을 가하여 볼륨과 모류를 결정시킨다. 온 베이스 넌스템 상태에서 모발길이에 3등분하여 열처리 다림질한다. 이는 스템을 1/3 정도 다림질 후, 나머지 2/3는 45° → 0°로 이행함으로써 롤 브러시가 모다발로부터 빠져나온다.
- 커트의 형태선에 따라 컨벡스라인으로 파팅한 후 두상의 중간 → 좌·우 측면으로 롤 브러시 길이에 따라 판넬작업된다.
- 드라이어는 대체적으로 노즐 또는 클립(손잡이)을 오른손에 쥐고 롤 브러시는 왼손으로 쥔 상태에서 운행된다.
- 브러시 운행 각도법은 대체적으로 모다발을 에어포밍(블로 드라이어의 열풍으로 열처리)할 시 모근을 가장 먼저 살린 후 다림질을 한다. 이때 모근쪽 - 90°, 모간(줄기)쪽 - 45°, 모간 끝쪽 - 0°를 유지하면서 연속적으로 운행(롤링)하여 인커버 또는 인컬이 되도록 다림질한다.

준비상태 및 블로킹과 파팅(2점) → 스케일 및 롤 브러시 선정(4점) → 분배 및 시술 각도(6점) → 드라이어와 브러시 운행(6점) → 모류 및 질감의 조화미(2점)

세부항목	작업요소
준비상태(2점)	**블로 드라이 스타일링을 위한 준비상태** • 모발의 수분 상태(모근 90%, 모간 80% 건조) 본 처치 드라이를 위한 모류 방향 설정에 따른 드라이 절차를 알고 해야 한다. • 블로 드라이 작업에 요구되는 도구(라운드 롤 브러시 대·중·소)를 두발 길이에 따라 선정하여 사용할 수 있어야 한다. • 전 처치(애벌) 드라이로서 젖은 두발을 후두부 → 두정부 → 측두부 → 전두부로의 순차적으로 모근에는 볼륨 업, 모간에는 스트레치 드라잉을 가볍게 해야 한다.

블로킹과 파팅	**블로킹과 파팅** • 블로킹을 4~5등분 한다. 　→ 특히, 측두면과 전두면은 롤 브러시의 길이보다 좁은 폭으로 블로킹한다. 　→ 블로킹 시 파팅선은 지그재그 또는 일직선으로 가로 또는 세로선을 넣을 수 있다. 　　이는 파팅선에 열에 의한 자국을 주지 않기 위함이다. • 본 처치 드라이를 위한 블로킹 내 파팅 순서는 후두부(그림 1-③,④,⑤ 또는 그림 　2-③,④, 그림 3-③④)에서 전두부(그림 1-①,②)로 향한다. 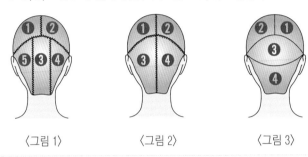 〈그림 1〉　　　　〈그림 2〉　　　　〈그림 3〉
스케일 및 롤브러시 선정(4점)  ① 롤 브러시 폭 (길이)보다 적은 길 이로 영역화한다.	• 드라이 작업의 첫 번째 스케일은 두발 길이(N.P 10~11cm)로서 롤 브러시를 선택 　(중-인컬, 소-아웃컬)하여 사용하며 G.P로 올라갈수록, 두발 길이가 길어질수록, 　큰 롤 브러시를 선정하여 사용한다. • 블로킹 내 파팅된 스케일은 롤 브러시의 두께(1직경 · 1.5직경 · 2직경)를 적정하게 　선정해야 한다.
분배 및 시술각도 (6점)  〈그림 3〉	후두면에서 B.P를 경계로 아래〈그림 3-④〉에서 스케일된 상 · 중 · 하 영역〈그림 3-1〉 • 스케일된 〈그림 3-1〉〈하〉영역에서 인컬 시 가이드라인(형태선을 유지하는 두발) 　- 모발 길이가 스파니엘 또는 그래듀에이션형에서 가장 짧은 길이로서 소자 롤 브러 　　시를 이용하여 90° → 45° 시술 각도로 하여 안말음 스트레치 드라잉한다. • 스케일된 〈그림 3-1〉〈하〉영역에서 아웃컬 시 이사도라형에서 가장 짧은 길이의 형 　태선을 베이스로 하는 스트랜드이다. 　- 소자 롤 브러시를 이용하여 P.P 지점에 볼륨을 준 후에 0° 각도로 모발 끝에서 2바 　　퀴 정도 겉말음으로 롤링 다림질한다. • 〈그림 3-1〉의 〈중〉영역 스케일에서의 인컬 시 　- 소자 롤 브러시에 모다발을 베벨 언더(논스템, 온베이스) 후 135°(모근 업) → 90° 　　→ 45°로 스트레치 드라잉한다. • 스케일된 〈그림 3-1〉의 〈중〉영역에서 아웃컬 시 　- 소자 롤 브러시를 사용하여 135°(모근 업) → 90°로 스트레치 드라잉 후 0°로 다운 　　시켜 베벨업하여 겉말음으로 2바퀴 1/2 정도 감아서 롤링 다림질한다.

 〈그림 3-1〉		• 〈그림 3-1〉 〈상〉영역 스케일에서의 인컬 시 　중자 롤 브러시를 사용하여 135°(모근 업) → 90° → 45° → 0°로 안말음 스트레치 드라잉한 후 브러시 아웃한다. • 〈그림 3-1〉 〈상〉영역 스케일에서의 아웃컬 시 　소자 롤 브러시를 사용하여 135°(모근 업) → 90°로 모선(1/3 정도)에 스트레치 드라잉 후, 0° 각도로 모발 끝에서 2바퀴 1/2 정도 겉말음으로 감아서 롤링하여 브러시 아웃한다. 후두면에서 B.P를 경계로 위영역 〈그림 3-1〉 • B.P → G.P → T.P까지의 레벨 내 스케일된 영역에서 인컬 시 　– 중형 이상의 롤 브러시를 이용하여 스케일된 모다발을 논 스템, 온 베이스로 하는 135°(P.P 지점) 각도에서 모근 업과 모류를 결정시키기 위해 열처리한다. 　– 135° 각도에서 열처리 후 90° → 45° → 0°로 안말음 스트레치 드라잉을 한 후 브러시 아웃한다. • B.P → G.P → T.P까지의 레벨 내 스케일 된 영역에서 아웃컬 시 90° 각도로 모근에서 1/3 정도 스트레치 드라잉 후 0° 각도로 모발 끝에서 2바퀴 1/2 정도 겉말음으로 감아서 리버즈 롤링하여 브러시 아웃한다.
드라이어와 브러시 운행(6점)	드라이어 와 브러시 동작 (모류 및 질감 형성)	두상의 후두면에 대해 롤 브러시 홀딩(그림 2-④) 및 스트레치 드라잉 또는 다림질 시 • 〈그림 3-1 상 · 중 · 하〉에서 롤 브러시(논 스템, 온 베이스로 하여)를 안착시키기 위해 두상은 앞숙임(15°~30°) 상태에 둔다. 　이때, 핸드 드라이어 노즐 입구는 안착된 브러시에 대해 120° 정도로 앞쪽(모근 – P.P 지점 가까이)으로 기울여 열풍을 씌워줌으로써 볼륨을 업시킨다. 　※ 두피 내로 뜨거운 열풍이 씌워지면 두개피부에 화상 또는 파팅자국을 입을 수 있다. • 모간 다림질(스트레치 드라잉 또는 에어포밍) 시 　– 드라이어 각도와 브러시의 운행에 따라 질감을 통해 윤기 또는 영역 간 또는 판넬 간 갈라짐을 방지할 수 있다. • 90° 각도(모근에서 1/3 정도) 스트레치 드라잉 시, 　– 롤 브러시에 대해 드라이어의 노즐 위치는 90°(직각)로 하나 · 둘 · 셋 정도로 스트레치 드라잉한다. • 45° 각도(모근에서 2/3 정도) 스트레치 드라잉 시, 　– 롤 브러시에 대해 드라이어의 노즐은 내 앞으로 45° 각도로 기울이면서 하나 · 둘 · 셋 정도 스트레치 드라잉한다. • 0° 각도(모근에서 2/3 정도)를 겉말음 또는 안말음 시 　– 롤 브러시에 대해 드라이어의 노즐 위치는 90°(직각)를 하나 · 둘 · 셋 · 넷 · 다섯 정도를 포워드 롤링 다림질하여 브러시 아웃한다.
모류 및 질감의 조화미 (2점)		• 커트형에 따른 인컬과 아웃컬 블로 드라이 시, 　– 완성 사진에서와 같이 한 판넬 한 판넬마다 연결되는 드라이 작업에서 갈라짐과 모발의 거칠어짐이 없는 모근 볼륨에 따른 모류 방향이 결정됨으로써 두발 윤기를 형성한다.

Section	스파니엘 인컬 드라이

1 스파니엘 드라이 완성 작품

2 스파니엘 드라이

목표	시험 규정에 맞게 헤어드라이어와 롤 브러시를 사용하여 스파니엘 인컬 스타일을 작업한다.	블로킹	4등분
장비	작업대, 민두, 홀더, 분무기	형태선	컨케이브라인(전대각)
도구	헤어 드라이어, 롤 브러시, 핀셋	섹션	롤브러시의 직경
소모품	통가발 마네킹(또는 위그)	시술각	0~90°
내용	가이드라인 10~11cm, 단차 4~5cm	손의 시술각도	섹션과 평행
시간	30분	완성상태	센터 파트 후 안말음 빗질

3 사전 준비 및 블로킹 순서

도구 및 재료 준비

□ 마네킹   □ 헤어 드라이어

□ 홀더   □ 분무기

□ 핀셋   □ S 브러시

□ 롤 브러시(대, 중, 소)

블로킹 순서

정면

오른쪽 측면

왼쪽 측면

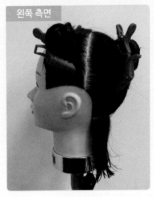

후면

4 **스파니엘형의 인커브 실제**

두상의 위치를 바르게 한 후, 타월로 물기를 닦아낸다. 전두부에서부터 빗질을 하여 모양 다듬기를 한 후, 블로 드라이어의 열풍과 냉풍을 이용하여 후두부 → 두정부 → 측두부 → 전두부 순서로 모근을 업(Up) 시키는 볼륨을 준다. 파팅된 모류에 따라 전처리 블로 드라이를 한다.

1 프리드라이(전처리 블로 드라이 스타일)

두피에 직접 열이 가지 않도록 손가락으로 모발을 흩뜨려가면서 모근을 살리거나 모다발을 업 세이핑하여 모근 가까이에 열을 주어서 볼륨과 모류를 결정시키는 모양(Hair shaping)을 미리 만든다. 블로킹 처리와 함께 롤(Round) 브러시를 사용하여 본처리 드라이할 수 있도록 준비한다.

 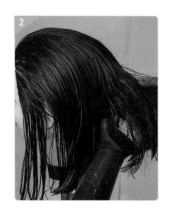 

❷ 후두부의 첫 번째 직경은 롤 브러시의 굵기(폭)를 기준으로 하며 네이프라인에서 상향으로 라운드 브러시 직경만큼 스케일을 위해 파트를 나누고 핀셋으로 나머지 영역을 고정시킨다.

> 후두면은 두상을 앞숙임(30° 정도)한 상태에서 후두부의 블로킹을 지그재그 또는 수직 또는 수평으로 파트함으로써 열자국이 생기지 않도록 한다. 수직 파트를 할 경우 드라이어 사용에 따라 주변의 열에 의해 파팅 자국이 생길 수 있다.

〈수직파트로서 1직경 스케일과 블로킹 상태〉

❸ 1직경 스케일된 모다발의 시술각은 135°로 하여 소형 롤 브러시를 모다발 아래(Bevel under) 온 베이스, 논스템이 되도록 놓여질 수 있도록 한 후 모근 가까이(Pivot point, p.p 지점)에 열을 준다.

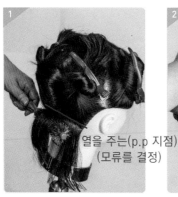
열을 주는(p.p 지점)
(모류를 결정)

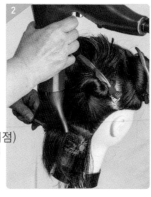

❹ 1직경 스케일된 후두면 영역(Zone)에서 드라이 시작 판넬은 반드시 가운데에서 왼쪽 또는 오른쪽으로 진행한다.

✓ 모다발의 각도를 90°→ 45°로 다림질 시

롤 브러시는 팽팽하게 당기면서 열을 가하나, 0°의 다림질 시 롤 브러시는 베벨 언더(Bevel under)로서 모다발 중심으로 안쪽으로 롤 브러시를 넣어 안말음형(In curl) 다림질한다.

- 라운드 브러시에 감긴 모다발끝을 돌리면서 다림질(롤링)하면서 라운드 브러시를 모다발끝에서 빠져 나오게(롤 아웃)한다.
- 모발 길이를 3등분(90°→ 45°→ 0°)하여 모다발 다림질 시(스트레치 드라잉) 3번 정도 스트레이트로 반복 다림질한다.

❺ 세 번째 직경은 중형브러시를 사용하여 ❸❹에서와 같이 에어포밍 과정은 동일하다. 다만 두피에 대한 모근의 각도가 단계(Level)과 영역(Zone)에 따라 모근 볼륨을 형성하려는 위치가 다를 뿐 스트레치 드라잉을 통한 다림질 방법은 동일하다.

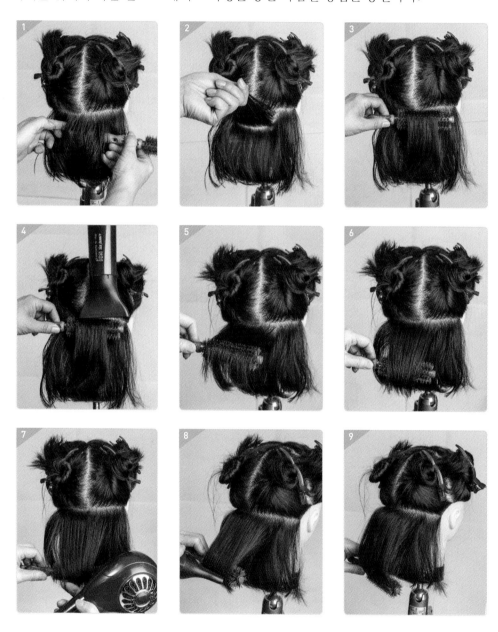

✓ 블로 드라이 스타일 시 모발이 건조해졌을 때 롤러에 물을 분무한 후 롤러를 털어내고 사용함
으로써 모발에 물기를 대신 제공해 줄 수 있다.

❻ 네 번째 직경 역시 세 번째 직경과 동일한 브러시 각도에 따른 블로 드라이어 운행과
모다발 스트레치 드라잉 등은 동일하다.

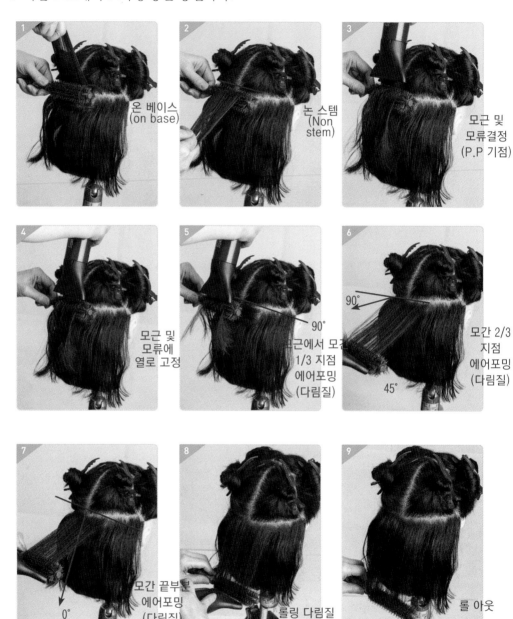

1. 온 베이스 (on base)
2. 논 스템 (Non stem)
3. 모근 및 모류결정 (P.P 기점)
4. 모근 및 모류에 열로 고정
5. 90° 모근에서 모간 1/3 지점 에어포밍 (다림질)
6. 90° 모간 2/3 지점 에어포밍 (다림질) 45°
7. 모간 끝부분 에어포밍 (다림질) 0°
8. 롤링 다림질
9. 롤 아웃

❼ 다섯 번째~여덟 번째 직경에서 점차 길어지는 모발에 사용되는 롤 브러시 역시 중형 또는 대형 크기를 사용한다. 두정면에 브러시를 온 베이스에 안착시킨 후, 논 스템 상태에 드라이어의 노즐은 두피면과 수평상태에서 열을 줌으로써 모근을 Up 시킨다.

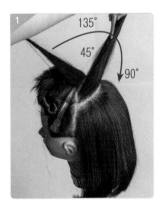

❽ 모다발의 모근 부위는 두피에 대해 직각분배($90 \sim 45°$)하여 모선의 2/3까지 스트레칭으로 다림질한다. 모선의 중간은 변이분배($45 \sim 1°$)로 하여 스트레치 드라잉한다. 모다발의 끝 부분(1/3)은 자연분배($0°$)로 다림질과 동시에 브러시 롤링 후 롤 브러시 아웃한다.

❾ 두정부는 컨케이브라인으로 베벨 언더 롤 브러시된 모다발의 모근 각도는 온 베이스, 논 스템으로 하며, 모선은 90~0°로서 드라이어 열풍으로 스트레치 드라잉된다.

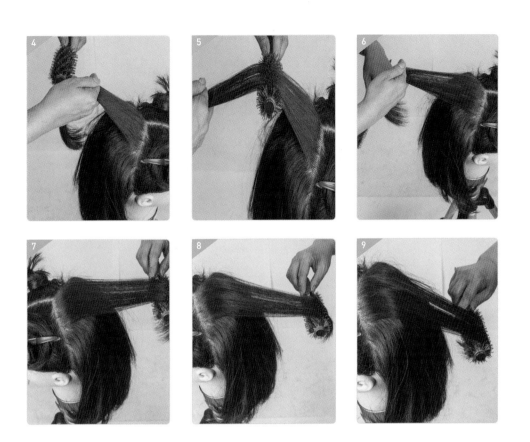

⑩ 두상의 위치를 똑바로 한 상태에서 측두면의 첫 번째 직경은 대형 크기의 롤 브러시를
사용하여 롤 직경만큼 파팅후 온베이스, 논스템에 되도록 하여 롤 브러시를 두피 가까
이에 안착시킨 후 모션은 스트레치 드라잉과 모간 끝은 롤링으로 다림질한다.

⓫ 두 번째~네 번째 스케일된 직경과 측두면, 전두면의 모다발 다림질은 두발 길이에 따라 달라진다. 이때 대형 크기의 롤 브러시를 이용하여 베벨 언더 상태에서 드라이어의 노즐 방향은 온 베이스, 논 스템 롤된 모근 가까이에 열풍을 가함으로써 모근에 볼륨을 만든다.

• 모근에 열풍을 가한 논 스템 롤된 모다발은 두피에 대해서 135°로 당겨서 다림질한다. 모선에 3번 정도 반복 스트레이트(스트레치 드라잉) 후, 다림질함으로써 탄력과 매끄러움을 준다.

모선을 두상곡면에 따라 스트레이트(연곡선)로 다림질하기 위해서 135°(롤 브러시 안착 후 모근 모류 결정) → 90°(첫번째 다림질) → 45°(두번째 다림질) → 30° ~ 0°(세번째 다림질에 의해 brush out)로 베벨 언더된 롤 브러시를 운행하며, 사진에서와 같이 열풍이 나오는 노즐의 방향 또한 각도가 달라진다.

⑫ 모다발의 끝은 롤 브러시로 C 컬이 되도록 피벗 포인트(크레스트와 트로스 부분에 열
풍을 임의로 가하는)후에 롤링으로 다림질함으로써 안말음이 형성된다.

스트레칭
드라잉

롤링 다림질

왼쪽 전두면도 오른쪽 전두면과 동일한 롤 브러시 직경에 맞게 컨케이브라인, 논
스템 모다발 위치와 롤 브러시는 베벨 언더 상태에서 브러시가 운행된다.

⑬ 안말음형(In curl) 블로 드라이 스타일

Section 2 · 이사도라 아웃컬 드라이

1 이사도라 드라이 완성 작품

2 이사도라 드라이

목표	시험 규정에 맞게 헤어 드라이어와 롤 브러시를 사용하여 이사도라 아웃컬 스타일을 작업한다.	블로킹	9등분
장비	작업대, 민두, 홀더, 분무기	형태선	컨벡스라인(후대각)
도구	헤어 드라이어, 롤 브러시, 핀셋	섹션	롤 브러시의 직경
소모품	통가발 마네킹(또는 위그)	시술각	0~90°
내용	가이드라인 10~11cm, 단차 4~5cm	손의 시술각도	섹션과 평행
시간	30분	완성상태	센터 파트 후 겉마름 빗질

3 사전 준비 및 블로킹 순서

도구 및 재료 준비

- ☐ 마네킹
- ☐ 홀더
- ☐ 핀셋
- ☐ 롤 브러시(대, 중, 소)
- ☐ 헤어 드라이어
- ☐ 분무기
- ☐ S 브러시

블로킹 순서

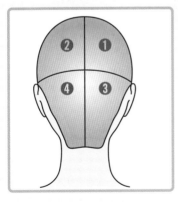

정면

오른쪽 측면

왼쪽 측면

후면

4 이사도라형의 아웃컬 실제

두상의 위치를 바르게 한 후 → 타월로 물기 제거 → 셰이핑 → 전처리 블로 드라이어의 열풍과 핑거(손가락)를 이용하여 본처리를 위한 모양 다듬기 및 블로킹 전의 단계로서, 모발 건조와 볼륨 스타일링을 위해 질감 및 모류 방향 제시를 동시에 처리한다.

❶ 두상을 앞숙임(30° 정도) 상태에서 네이프라인 상향으로 소형 롤 브러시의 1직경 만큼 컨벡스라인으로 파트한다.

- 후두부 내 첫 번째 직경의 모다발을 90°로 직각분배하여 온 베이스, 베벨 언더된 모근에 드라이어 열풍으로 볼륨을 준 뒤 그 각도를 유지하면서 모선 1/2까지 다림질한다.

- 다림질된 모다발의 끝 부분에 롤 브러시를 베벨(리버즈 롤) 업 위치에서 겉말음으로 감싸 피벗 포인트(컬을 형성시키기 위해 꺾어지는 부분에 멈춘 열을 준)후 모발 끝을 윤기있게 다림질하기 위해 당겨 감으면서, 반복적으로 다림질한다.

- 롤 브러시에 겉말음형으로 한 바퀴 이상 감은 상태에서 위쪽의 정상(Crest)과 아래쪽의 골(Trough)에 열풍을 집중적(5~7초)으로 주어 아웃컬로서 롤링 다림질을 형성하면서 롤 브러시를 제거한다.

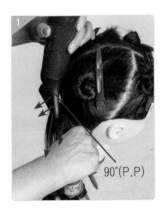
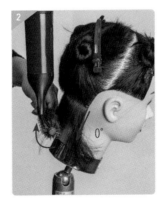

한바퀴 반(1 1/2) 정도
리버즈롤 와인딩

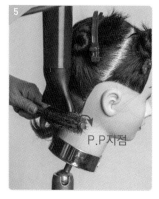
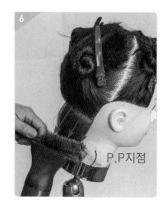

❷ 두 번째 1직경 컨벡스라인으로 파트된 상태에서도 첫 번째 직경과 동일한 기법이 요구된다.

- 컨벡스라인은 후두부 ③, ④의 블로킹이 동일 선상에서 파트되는 직경이다.
- 베벨 업(Bevel up)은 모다발을 중심으로 모다발 바깥쪽에 중형크기의 롤 브러시가 놓여지면서 겉말음형(Out curl)으로 다림질되는 상태이다.

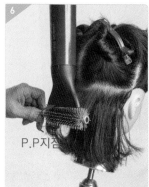

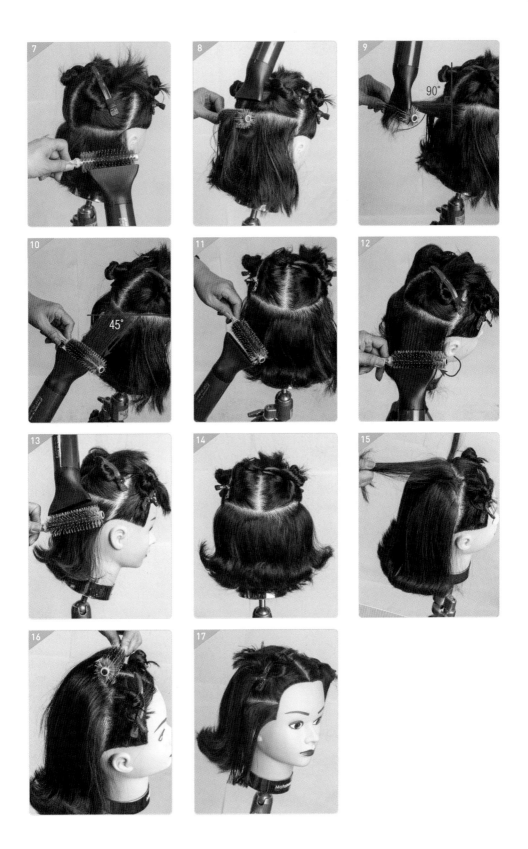

❸ 두상을 똑바로 한 상태로 측두부 첫 번째 직경에서는 후대각라인으로 직각분배로 모근에 볼륨과 함께 1/2선까지 스트레치 드라잉한다.

- 자연분배 상태에서 겉말음으로 롤 브러시를 베벨 업한 상태에서 나머지 1/2의 모선을 감으면서 롤링 다림질한다.
- 롤 브러시에 감긴 모다발의 아래, 위를 노즐의 열풍으로 파워포인트한 후 컬이 형성되었을 때 롤을 손으로 모양 잡으면서 조심스럽게 롤 브러시를 아웃시킨다.

❹ 왼쪽 측두면도 ❸과 동일하게 중형크기의 라운드 브러시를 사용하여 겉말음형으로 다림질한다.

❺ 겉말음형(Out curl) 블로 드라이 스타일

Section 3	그래듀에이션 인컬 드라이

1 그래듀에이션 드라이 완성 작품

2 그래듀에이션 드라이

목표	시험 규정에 맞게 핸드 드라이어와 롤 브러시를 사용하여 그래듀에이션 인컬 스타일을 작업한다.	블로킹	9등분
장비	작업대, 민두, 홀더, 분무기	형태선	컨벡스라인(전대각)
도구	핸드 드라이어, 롤 브러시, 핀셋	섹션	롤 브러시의 직경
소모품	통가발 마네킹(또는 위그)	시술각	0~90˚
내용	가이드라인 10~11cm, 단차 4~5cm	손의 시술각도	섹션과 평행
시간	30분	완성상태	센터 파트 후 안말음 빗질

3 블로 드라이 작업절차

도구 및 재료 준비

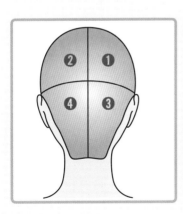

- ☐ 마네킹
- ☐ 홀더
- ☐ 핀셋
- ☐ 롤 브러시(대, 중, 소)
- ☐ 헤어 드라이어
- ☐ 분무기
- ☐ S 브러시

블로킹 순서

정면

오른쪽 측면

왼쪽 측면

후면

4 그래듀에이션형의 인커브 실제

1) 프리드라이(전처리 드라이 스타일링)

프리드라이는 본처리 시술 전 단계에서 준비하는 과정이다.

• 스파니엘 블로 드라이 스타일에서와 같이 두상의 위치를 바르게 한 후, 모근 가까이에 있는 물기를 타월로 닦아낸다.

• 타월로 닦아낸 두발을 세이핑하여 전두부에서부터 빗질을 한다. 모양 다듬기한 후, 블로 드라이어의 열풍과 냉풍을 이용하여 후두부 → 두정부 → 측두부 → 전두부 순서로 모근의 볼륨과 모선을 본처리하기 쉽도록 모류 방향을 설정하는 전처리(프리) 드라이를 한다.

• 파팅을 하기 위해 세이핑한 후 전두부, 후두부로 구분하여 4개의 영역을 블로킹한다.

2) 본처리 드라이 스타일링

❶ 앞숙임(30° 정도) 상태에서 후두부의 첫 번째 파팅은 롤 브러시(소형) 1직경, 중심으로 컨벡스라인을 스트레이트로 다림질한다. 직각분배된 모다발 아래, 베벨 언더된 롤 브러시의 모근에 볼륨을 준 후, 90~0°방향으로 모류를 윤기 있게 스트레치 드라잉과 롤링 다림질한다.

❷ 두 번째 ~ 세 번째 파팅의 컨벡스라인까지 소형의 롤브러시를 사용하여 네 번째 ~ 아홉 번째 파트의 컨벡스라인에서는 중형의 롤 브러시를 사용하여 에어포밍한다.

 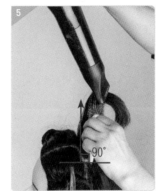 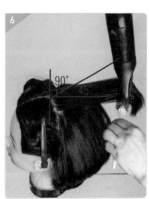

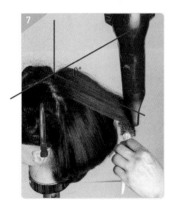

❸ 왼쪽 측두부의 두상은 똑바로 한 상태에서 1직경 중형 롤 브러시로 파팅된 모다발을 직각분배하여 90~0°로 이행되는 모류 방향을 자연스럽게 떨어지는 상태로 인컬로 다림질한다.

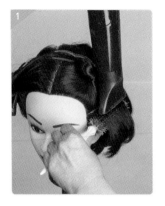  

❹ 네 번째 ~ 다섯 번째 파팅 역시 1직경 롤 브러시로 모다발을 90~135° 직각분배한 후 베벨 언더, 롤 브러시에 대해 드라이어 노즐을 두상과 평행하게 하여 모근에 볼륨처리한다.

• 볼륨을 위해 논 스템 위치에 똑바로, 위로 3번 반복하여 다림질한 후 변이분배에서 자연분배로, 롤링하면서 연곡선 모양의 안말음(In curl)형으로 에어포밍(블로 드라이 스타일링)이 된다.

❺ 오른쪽 전두부도 왼쪽 전두부와 동일한 시술 과정과 방법이 요구된다.

❻ 안말음형 블로 드라이 스타일

PART 4

롤러 세트 스타일

CHAPTER

01 | 롤러 세트의 이해

벨크로 롤 와인딩의 기초

모발을 부풀리거나 모다발에 컬 모양을 내기 위한 도구인 롤러 컬은 볼륨 효과를 내기 위한 오리지널셋과 리세트가 동시에 이루어지는 퀵살롱서비스 헤어스타일 도구이다.

1 롤러 컬

대형 롤은 6.4cm, 중형 롤은 4.5cm, 소형 롤은 3.8cm의 직경(폭, 두께)을 유지하며 와인딩은 수직, 수평, 대각 등의 모류(Stem)에 따른 이미지를 정할 수 있다.

> 롤러는 원통형으로서 원통의 직경과 폭은 다양하다. 재질은 합성수지이며, 그물 모양의 면(찍찍이 롤)으로 이루어져 조작의 자유로움에 의해 양감과 입체감이 있는 움직임을 얻을 수 있다.

1) 롤러 컬의 효과

롤러 컬은 세트 롤이라고도 하며 단시간에 웨이브를 형성할 수 있다. 모다발에 탄력있는 와인딩과 함께 볼륨 효과를 함께 줄 수 있다.

① 재질의 독특성에 의해 건조가 용이하다.

② 컬이 매끄럽고 와인딩이 간편하다.

③ 스템의 흐름을 의지대로 구사할 수 있다.

④ 롤러에 따른 컬의 배열 흐름이 연속성을 준다.

⑤ 와인딩 및 콤 아웃의 방법에 의해 포인트를 줄 수 있다.

⑥ 적당히 건조 후 따뜻해진 모발에 벨크로 롤(찍찍이 롤)을 컬리스하면, 부가적인 컬과 함께 베이스에 지지감을 준다.

⑦ 컬리스 후 드라이어로 바람을 쐬어주며 질감과 텐션을 더해 준다.

⑧ 반쯤 마른(건조) 두발 또는 건조모에 세팅하기가 쉽다.

⑨ 두상 전체에 빈틈(공간) 없이 롤러가 컬리스되었을 때, 모량이 많아 보이며 백콤을 넣거나 빗질하기 쉽다.

⑩ 모발 끝이 꺾임 없이 긴장감 있게 롤러에 잘 말려야 세팅된 컬의 탄력이 강하다.

2) 롤러 컬의 컬리스

벨크로 롤은 미끄러짐의 방지와 빠른 건조를 위해 롤러에는 구멍 또는 벨크로(가시모양의 찍찍이)로 감싸여 있다.

(1) 베이스 길이는 롤러의 가로 폭(6~7cm 길이) 보다 약간 짧거나 같게 판넬을 만든다.

(2) 베이스 크기는 롤러의 1 직경(세로폭, 넓이, 두께)과 같거나 약간 작게 스케일한다.

(3) 짧은 두발길이는 모발 끝을 롤러에 감기(Curliness) 위해 모다발 끝 부분은 베이스 넓이와 똑같이 넓혀서 빗질(Forming)해야만 모발의 흐름(모류)과 동일하게 컬이 형성된다. 만약 모다발을 모아서 리본닝하면 모발쪽의 흐름이 갈라진듯 연결이 좋지 않다.

(4) 스케일된 모다발의 모발 끝을 롤러에 감기 위해 모아서 리본닝(Ribboning)하면 구심적인 힘이 작용하므로 롱 헤어스타일에 적합하다.

(5) 모다발을 한쪽으로 기울여서(비평행상태) 컬리스하면 한쪽은 길고 한쪽은 짧아지므로 긴쪽의 두발이 느슨해진다.

(6) 90° 이상 온 베이스, 논 스템으로 컬리스 시, 임의로 모다발의 각도를 낮추면 모다발 안쪽은 느슨해지고 바깥쪽은 당긴다.

(7) 모다발의 양(베이스 크기)보다 큰 롤러를 사용 시 롤러의 모근 부분이 눌려 볼륨이 생기지 않는다. 반대로 모다발 양보다 작은 롤러를 사용 시 모근에 볼륨이 생긴다.

(8) 모량이 많은 전두부에서부터 컬리스 시작 → 탑 → 두정부 → 후두부로 연결하는 정중면의 온 베이스에 롤러가 고정된다.

✓ **용어정리**

• 롤러를 이용하여 1직경 스케일된 모다발을 감는 방식을 컬리스(Curliness)라고 한다.

• 로드를 이용하여 1직경 스케일된 모다발을 감는 방식을 와인딩(Winding)이라고 한다.

• 1직경 모다발을 감기위해 빗질하는 과정을 포밍(Forming)이라고 한다.

• 1직경 모다발을 포밍하고 난 뒤 로드나 롤러를 모다발 끝에서 감싸는 과정을 리본닝(Ribboning)이라고 한다.

---

2 건조(Dry)

① 컬리스된 롤이 두상 전체된(세트된) 롤이 일그러지지 않도록 그물망을 씌운다.

② 두피에 롤러 자국이 생기지 않도록 드라이어 열이 두피에 집중되지 않도록 사용한다.

③ 미풍의 고온에서 강풍으로 서서히 말리며, 장기간 말리는 것보다 약 5분은 열풍으로, 약 2분은 냉풍으로 번갈아 말리면서 건조상태를 확인하는 것이 좋다.

3 리세트(Reset)

① 완전히 건조된 상태를 확인한 후 망사와 롤러를 제거한다.

② 롤러는 모근의 볼륨을 위해 컬리스 각도와 동일한 각도로 롤러 아웃한다.

③ 롤러 제거는 후두면 → 두정면 → 측정중면 → 측두면 → 전두면 순으로 한다.

④ 손가락을 이용하여 모다발 간의 간격이 생기지 않도록 모다발을 펼쳐 마무리 빗질(세이핑)한다.

롤러 세트 시 요구사항 및 유의 사항

1 기본 자세 및 숙련도

① 몸의 자세는 작업에 필요한 힘의 안배와 균형 있는 자세를 유지해야 한다.

② 두발에 남은 수분을 고르게 건조시키고, 빗질 시에는 두발을 곱게 빗질한다.

③ 모다발의 끝 부분은 롤러 길이로 넓혀서 포밍하고 리본닝 후 컬리스한다.

④ 컬리스 순서는 정중면 → 측정중면 → 측두면으로 하며, 상단에서 하단으로 이행한다.

> ✓ **유의사항(감점처리됨)**
>
> ① 작업자세가 좋지 않을 때
> ② 마네킹 두발의 수분조절이 적당하지 않았을 때
> ③ 셰이핑이 정확하지 않았을 때
> ④ 컬리스 방법과 순서가 미숙할 때

2 롤러의 배치 각도 및 방향

① 모다발의 겉표면이 들쑥날쑥하지 않게 컬리스한다.

② 롤러의 안착 방향은 두상면에 따라 리듬감을 갖게 한다.

> ✓ **유의사항(감점처리됨)**
>
> ① 두상 부위에 따라 시술각 상태로서 정확한 파팅에 따른 온 베이스, 논 스템 안착이 미숙할 때 개
> 수에 따라 감점처리된다.
> ② 롤러의 방향과 두상의 둥근형상이 갖는 리듬감이 조화롭지 못했을 때 감점처리된다.

3 롤의 탄력성

① 컬리스된 롤러는 긴장감 있게 안착되어야 한다.

② 컬리스된 롤러에서 머리카락이 빠져나오거나 흐트러지지 않도록 한다.

③ 컬리스된 롤러와 롤러 간의 간격, 두피면과 두피면 사이의 간격이 적당해야 한다.

PART 4

롤러 세트 스타일

4 망사 씌우기 및 드라이어 사용

① 드라이어의 열풍과 냉풍을 번갈아가며 쐰다.

② 드라이어 열과 바람은 컬리스된 방향에 따라 모근 가까이에 에어포밍한다.

③ 두상 전체에 세팅이 되면 망사를 씌워 두발이 흩날리지 않도록 두상의 위에서 아래로 노즐방향이 가도록 한다.

5 전체 조화

① 롤러 제거 시 컬리스 각도를 유지한다.

② 전체적으로 모근의 볼륨과 모발에 윤기가 있어야 한다.

③ 리세트 시 건조상태에 따라 롤러 제거가 이루어져야 한다.

④ 롤러제거 순서는 후두부에서 시작하여 전두부에서 끝난다.

⑤ 모발 전체가 조화로운 스타일링 컬로서 완성도를 나타내어야 한다.

CHAPTER 02 | 롤러 세트의 세부 과제

1 롤러 세트의 작업절차(30분, 20점)

기본자세(3점) → 배치 각도 및 방향에 따른 와인딩 상태(5점), 롤러의 안착 간격(3점) → 몰딩의 숙련도(3점) → 완성도 및 전체 조화(3점) → 롤러 제거 및 마무리 리세트(3점)

세부항목	작업요소
기본자세 (3점)  〈그림 1〉	• 롤러세트에 요구되는 도구(롤, 빗, 망사, 드라이어, 스프레이) 등을 작업 시, 꺼내지 않도록 충분히 미리 준비한다. • 레이어드 형태에 전처치로서 핸드 드라이어의 열풍을 이용하여 모근을 볼륨 업 시키는 드라이(수분율 모근 90% → 모간끝 80% 정도)을 한 후 업셰이핑 한다. • 블로킹을 6등분(전두면 ①②③, 후두면 ④⑤⑥)한다. • 블로킹(그림1) 후 전두면 ①과 후두면 ④에 묶인(lacing) 영역을 풀어서 벨크로 롤을 이용하여 컬리스할 준비로서 업셰이핑한다. • 오리지널 몰딩 순서는 ① → ④ → ⑤ 또는 ⑥ → ② 또는 ③으로 한다.
롤러 와인딩 각도 상태 및 방향성 (3점)	• 전두면(①영역)에는 1직경(직사각형 베이스)으로 하는 스케일 3개에 벨크로 롤러 3개가 온베이스, 논스템으로 안착(anchor)된다. • 첫 번째 와인딩은 1직경 스케일된 모다발을 135°로 빗질(Forming)하여 모다발 끝을 펴서 벨크로 밖으로 삐져나지 않게 리본닝하여 컬리스(감는다)한다. • 2번째 와인딩은 1직경 스케일된 모다발을 첫 번째로 안착된 롤러에 닿게끔 빗질(120°)하여 컬리스한다. 특히 G.P 지점은 두상 곡면이 급격하게 시작되는 부분이므로 1직경보다 1/3 정도 적은 폭으로 스케일한 후, 롤러에 컬리스한다.

몰딩의 숙련도(5점)	• 정중면은 대 · 중 · 소 롤러 11개를 컬리스한다. • 양 측정중면(⑤, ⑥)은 각각 대 · 중 · 소 롤러 6개(합 12개)를 컬리스하며, 영역 간 공간이 보이지 않게 135°, 120°, 90° 정도의 시술각도를 가진다. → 왼쪽 ⑤의 블로킹인 측정중면의 롤러 방향은 오른쪽으로 돌려 포밍(빗질)하고 오른쪽 ⑥의 블로킹은 왼쪽으로 돌려 포밍되는 체계성을 유지시킨다. • 양 측두면은 각각 대 · 중 · 소 롤러 4개(합 8개)를 부등변 사각형 베이스로 하여 측정중면을 향해 135°, 120°, 90° 정도의 시술 각도로 모다발을 돌려 포밍하여 컬리스한다.
컬리스된 모다발 상태 및 롤간의 간격(3점)	• 스케일된 모다발은 시술 각도에 맞게 곱게 빗질하여 벨크로 롤러에 가지런히 컬 형태로 감겨 있어야 한다. • 블로킹된 두상의 둥근선을 따라 롤러 컬이 빈틈없이(총 31개 이상) 조화롭게 몰딩되어야 한다. → 31개 미만일 경우 감점(-5)처리 된다. → 롤러를 1개라도 컬리스하지 않을 경우 미완성으로서 0점 처리된다.
망사 씌우기 및 드라이어 사용(3점)	• 컬리스가 완성된 후에는 머리카락이 빠지거나 흩날리지 않게 하기 위해 전두면에서 후두면을 향해 망사를 양손으로 펼쳐 가면서 두상에 덮어씌운다. • 드라이어의 노즐 방향을 두개피부로 향하지 않도록 하며, 위에서 아래로 오리지널 세트된 롤러 컬의 P.P 지점 근처에 열풍을 준다. • 몰딩된 상태에서 8~10분 정도 열을 주어 건조한 후, 2~3분 정도 찬바람으로 컬을 고정시킨다.
롤러 제거 및 마무리(3점)	• 오리지널 컬을 스타일링(리세트)하기 위해 망사와 롤러를 제거한다. • 롤러는 컬리스 각도와 동일 각도를 유지하면서 제거시킴과 동시에 모발이 흐트러지지 않도록 원형 그대로 컬을 만들어 놓는다. • 원형 그대로 놓여진 모다발은 양손(엄지와 인지)을 이용하여 컬과 컬 사이를 펼쳐 놓으면서 또는 브러시 빗살 끝을 이용하여 가볍게 모다발 끝을 연결시키면서 즉, 영역 간 공간이 보이지 않도록 모양다듬기로서 리셋한다.

Section 1 벨크로 롤

1 벨크로 롤의 완성 작품

2 벨크로 롤

목표	시험 규정에 맞게 스타일을 작업한다.	블로킹	6등분
장비	작업대, 민두, 홀더, 분무기	형태선	레이어드 형태
도구	벨크로 롤, 빗, 고무줄, 망사, 핸드 드라이어, 핀셋	스케일	롤러 직경(대·중·소)
소모품	통가발 마네킹(또는 위그)	시술각	90° 이상
내용	가이드라인 12~14cm / 롤러 31개 이상 와인딩	손의 시술 각도	90° 이상
시간	30분	완성상태	올백 롤러 컬 아웃 상태

PART 4

롤러 세트 스타일

3 사전 준비 및 블로킹 순서

도구 및 재료 준비

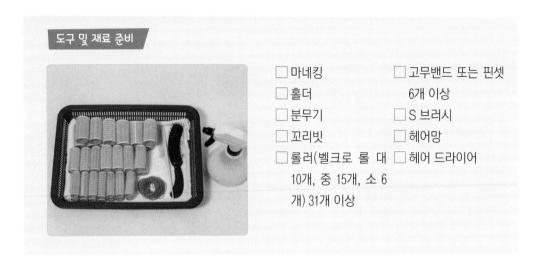

- ☐ 마네킹
- ☐ 홀더
- ☐ 분무기
- ☐ 꼬리빗
- ☐ 롤러(벨크로 롤 대 10개, 중 15개, 소 6개) 31개 이상
- ☐ 고무밴드 또는 핀셋 6개 이상
- ☐ S 브러시
- ☐ 헤어망
- ☐ 헤어 드라이어

블로킹 순서

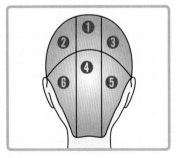

정면

오른쪽 측면

왼쪽 측면

후면

4 롤러 세트의 실제

❶ 모근의 물기를 90%, 모발끝은 80% 정도 제거한 후 C.P를 중심으로 롤 길이만큼(가로 6cm, 세로 6cm) 정사각형이 되도록 블로킹하여 밴딩 고정시킨다.

❷ 측두면의 양 사이드는 1영역의 측두선과 E.B.P까지 약간 둥글게 측수직선 파트하여 블로킹(2영역)한 후, 밴딩 고정시킨다.

❸ 반대편도 동일하게 얼굴의 발제선을 따라 약간 둥글게 블로킹(3영역)한 후 고정시킨다.

❹ 오른쪽 측정중면은 N.S.C.P보다 앞쪽으로 1~2cm에서 왼손 검지를 올려놓고 연결한 후 블로킹(4영역)한 후 고정시킨다.

❺ 왼쪽 측정중면 역시 ❹와 동일하게 블로킹(5영역)한 후 고정시킨다.

❻ 완성된 블로킹(6등분) 모습과 전두면 컬리스를 위한 준비상태이다.

❼ 첫 번째 롤러의 베이스 크기는 대형 롤러의 직경(폭)보다 약간 작게 파트하고, 모근에
대해 모다발(Hair strand)은 전방 45°(135°)로 빗질한다.
- 논 스템으로 컬리스된 롤러는 온 베이스로 안착된다.
- 두 번째 롤러의 베이스 크기 역시 직경보다 약간 작게 파트하고, 첫 번째 와인딩
된 롤러와 겹치지 않을 정도(90° 이상)의 각도로 빗질 후 논 스템으로 컬리스한다.

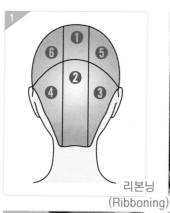
리본닝
(Ribboning)

1직경
스케일
(scale)

포밍
(Forming)

컬리스
(Curliness)

안착
(anchor)
(컬리스된
상태)

직사각형 베이스

정중면은 벨크로 롤러 갯수가 반드시 11개 이상 안착되어야 한다. 하지만 롤러 대중소의 안착된 크기에 따른 갯수는 채점점수에 감점요인이 되지는 않는다.

❽ 정중면과 두정면에 대 6개, 각도는 90° 이상, 논 스템 컬리스한다.

정중면에서 두상곡면이 달라진다. 특히 두정융기는 롤러 직경보다 1/4 정도 더 작은 폭으로 베이스 크기를 만들어야 롤과 롤 간격이 벌어지지 않는다.

❾ 정중 후두면에는 대 6, 중 3개, 소 2개 롤러가 온 베이스, 논 스템으로 컬리스 후, 안착된다.

⑩ 정중면(전·후)에 대 6개, 중 3개, 소 2개의 롤러(총 11개)가 안착·고정된다.

⑪ 오른쪽 측정중면의 첫 번째 상단은 롤러(대) 직경에 관계없이 삼각 베이스 크기를 스케일한 후 135°로 사선 포밍(Left going shaping)하여 논 스템, 온 베이스로 안착한다.

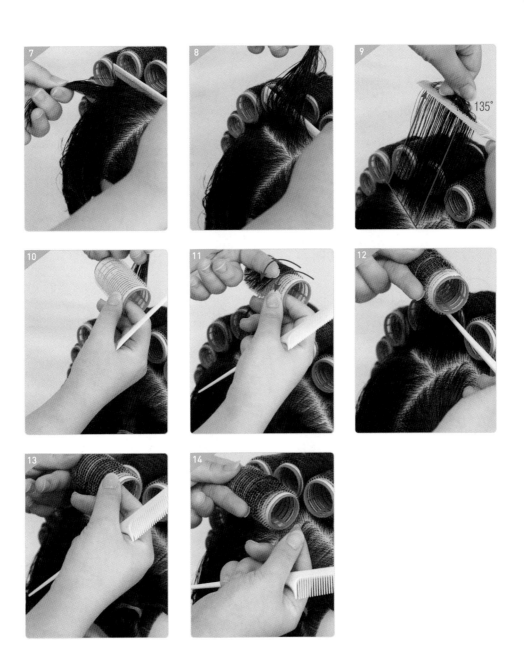

⓬ 후대각으로 파팅된 베이스(왼쪽 측정중선)의 1직경은 파팅과 롤러(중)와 평행하게 위치를 잡기 위해 왼쪽으로 돌려 빗질(레프트 고잉 셰이핑) 후, 논 스템(90° 이상)으로 안착시킨다.

⑬ 오른쪽 측정중면은 대 1개, 중 3개, 소 2개의 롤러로서 온 베이스로 컬리스 후, 안착시킨다(정중면과 안착된 롤러 배열은 측정중면 공간이 비어 있어서는 안 된다).

두상곡면에 따른
롤러안착의 방향성

양(오른·왼)쪽 측정중면의 벨크로 롤러 개수는 반드시 6개 이상이어야 한다.

⓮ 오른쪽 측정중면의 와인딩이 끝나면 왼쪽 측정중면 역시 동일하게 둥근 두상의 면을 따라 온 베이스, 논 스템 각도(135° 이상)로 안착시킨다.

삼각베이스

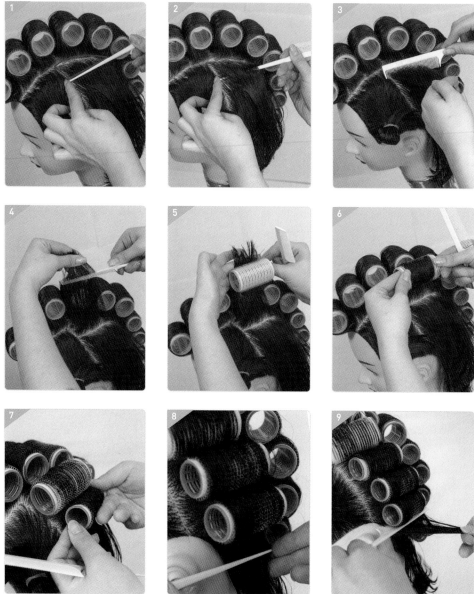

⑮ 오른쪽 측두면은 얼굴 경계선인 발제선이 위치하고, 얼굴면에서 두상면으로 갈수록 넓어지므로 베이스 종류는 부등변사각형으로 스케일한다. 롤러 안착 시 블로킹 영역 간에 롤러가 벌어지지 않도록 측두면의 중앙을 향해 균형을 갖게 와인딩한다.

부등변사각형
베이스

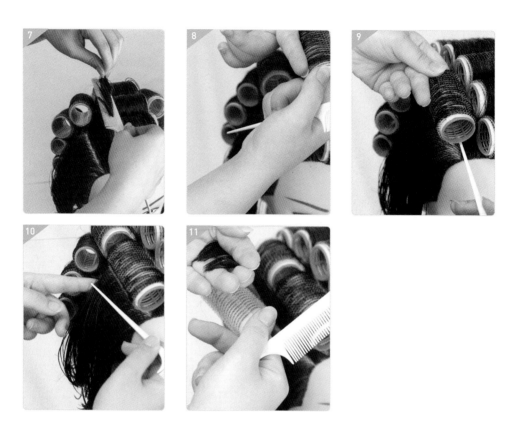

⑯ 오른쪽 측두면은 대 1개, 중 2~3개(또는 중 2개, 소 1개)의 롤러로, 온 베이스 컬리스 후 안착시킨다.

양(오른·왼)쪽 측두면의 벨크로 롤러 개수는 반드시 4개 이상이 되어야 한다.

방향성을 유지한다

⑰ 왼쪽 측두면에서 부등변 사각형 베이스 크기로 스케일한 후 포밍 시, 첫 번째 상단이
므로 영역 간 경계가 보이지 않도록 135°로 오른쪽을 향해 사선으로 돌려 빗어(라이트
고잉 셰이핑) 온 베이스, 논 스템으로 안착시킨다.

부등변사각형
베이스

⑱ 왼쪽 측두면은 대 1개, 중 3개(또는 중 2개, 소 1개)의 롤러로 온 베이스 컬리스 후 안
착시킨다.

> 왼쪽 측두면의 벨크로 롤러 개수는 반드시 4개 이상 되어야 한다.

⑲ 오리지널 세트로서 완성된 벨크로 롤 와인딩(정면 → 측면 → 후면)

방향성과 롤러의 안정감

⑳ 벨크로 롤 와인딩 완성 후, 망을 씌우고 블로 드라이어로 뜨거운 열을 주어(8~10분 정도) 건조시킨 후 찬바람으로 2~3분 정도 고정하여 롤러 아웃해야 세트의 고정력이 강하다.

- 드라이어의 열풍은 롤러의 P.P지점(Crest & trough point) 두 곳을 향해 위에 서 아래로 열을 준다. 특히 두피를 향해 노즐의 열이 가지 않도록 손으로 열을 모아가면서 건조시킨다.

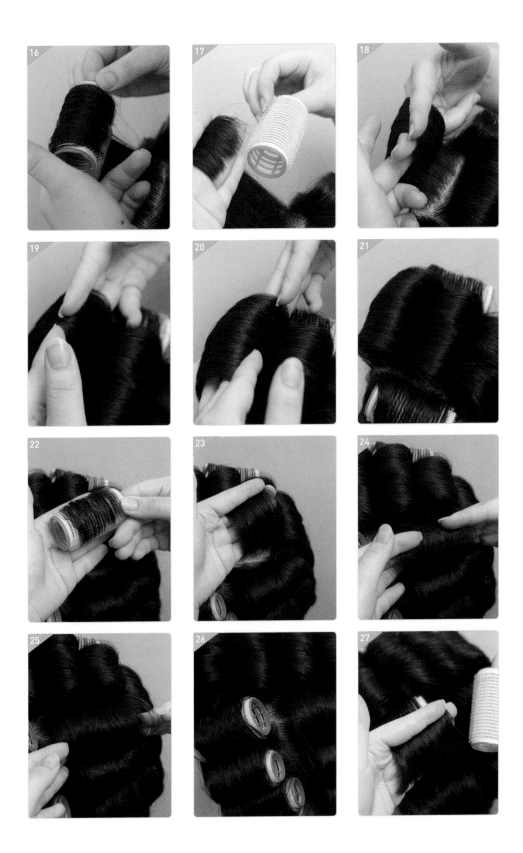

- 손가락(Finger)으로 롤러 컬된 모발을 펼치면서 골(파팅된 선)이 보이지 않도록 마무리(5분 이내)한다.

벨크로 롤을 이용한 롤러 아웃 후의 리세트 과정에서 모다발이 말린 롤러만 제거시킨 상태에서 마무리하거나 롤러 제거된 모다발 끝을 브러시로 가볍게 빗질하여 콤 아웃해도 된다.

㉑ 롤러 제거(Roller out) 후 리세트 과정은 2가지 방법을 제시할 수 있다.

　1. 컬링의 각도와 동일하게 롤러만을 제거한다.

　2. 손가락으로 모다발을 펼쳐서 모다발 간 공간이 보이지 않도록 가볍게 연결시키거나 브러시를 이용하여 모다발 끝이 연결되게 끝부분만 가볍게 브러싱한다.

 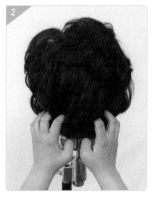 

㉒ 완성된 롤러 세트 스타일

  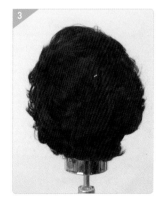

PART 5

기본 헤어 퍼머넌트 웨이브

CHAPTER 01 | 기본 헤어 퍼머넌트 웨이브의 이해

헤어 퍼머넌트 웨이브의 기초

'헤어 퍼머넌트 웨이브'(이하 웨이브 펌 또는 펌이라 칭함)는 두발에 영구적으로 웨이브를 형성(직모를 파상모로)시키거나 웨이브된 모발을 영구적으로 릴렉스시켜 스트레이턴드(파상모를 직모로) 시키는 헤어 펌스타일링이다. 웨이브 펌의 물리적 작업방법에 사용되는 도구는 로드, 빗, 엔드페이퍼, 고무밴드 등이 있으며 화학적으로는 반응성 화장품인 펌용제가 사용된다. 즉 모질, 기술, 용제 등을 기본으로 하는 펌의 3요소는 인종별 화장품 생산을 가져다 주었다.

1 펌 디자인의 이해

1) 펌 디자인의 결정 조건

머리(Head)와 비자지즘(Visagism)을 근간으로 한다.

(1) 머리

- 머리모양의 구조는 뇌두개인 두개골과(Skull)과 안두개인 얼굴(Face), 경추의 목(Neck)으로서 일반적으로 이들 3부분을 합쳐 머리라 칭한다.
- 두개피부(Head skin)의 부속물인 두발(Capillus, Scalp hair)은 살아있는 유기체로서 디자인적 요소와 원리를 가진다. 이는 기하학적 형태(Level + Zone)로서 질감이 갖는 부피감, 무게감, 색채감 등을 나타낸다.
  ① 두상이 갖는 볼록한 공간(Occupied space)
    - 볼록한 공간(융기)과 오목한 공간(Unoccupied space)은 공간체를 가진 구형을 나타낸다.
    - 볼록한 공간은 두정융기, 후두융기, 측두융기 등으로서 구형체를 나타내는 부피 또는 볼륨을 갖는다.

② 두상이 갖는 오목한 공간

    - 융기 부분을 연결해 주는 함몰(Indentation)에 따른 유선으로 기하학적인 모양 또는 머리형태(Hair do)의 근간이 된다.

(2) 비자지즘

화장을 '꾸미다'라는 의미로서 메이크업(Make up)이라고 부르듯이 비자지즘 (Visagism)은 디자인적 모형과 동의어로서 "얼굴형에 따라 헤어스타일을 연출하여 이미지를 만든다"라는 의미를 갖는 미용사(일반)의 전문용어이다.

① 머리형태에 의해 보완되는 얼굴형은 두발이 갖는 볼륨 또는 부피의 가감에 의해 드러난다. 이는 연장선 또는 일정 부피에 있어 강조되는 무게감과 포인트로서 확장되는 비자지즘을 통해 디자인적 모형(Design molding)을 형성시킨다.

(3) 디자인적 모형

생태적 형태에서 출발한 얼굴형은 디자인 모형에 따른 이상적 형태를 갖춤으로써 비자지즘화된 헤어스타일이 된다. 이는 3가지 유형으로 분류된다.

① 구형(Spheroid) : 측정중면에서 얼굴을 보았을 때 두정부 정점(두점융기)에서 턱선 끝에 이르는 얼굴의 길이와 양 측두융기를 향한 얼굴의 너비가 동일한 경우에 머리모양이 둥글다고 한다.

② 편구형(Oblate) : 얼굴의 길이보다 얼굴 너비가 더 넓은 머리모양으로서 양빈에서 두발 부피감을 많이 형성시킨다.

③ 장구형(Prolate) : 얼굴의 너비보다 얼굴의 길이가 더 긴 머리모양으로서 전발 부분 또는 목선 아래 어깨선까지 두발 길이가 확장된다. 이때 부피를 위한 볼륨감보다 질감처리가 요구된다.

2) 펌 디자인의 직경 및 각도

(1) 베이스 모양

로드의 종류, 감거나 감싸는 방법에 따라 수평, 수직, 대각 등의 모류 방향(Stem direction)이 모발의 질감과 유동성을 연출한다.

베이스 모양	명칭	내용
	직사각형 베이스	정중면 또는 측두면 영역에 사용되는 로드의 지름(폭)과 베이스 크기는 일치(1 직경)해도 무관하다.
	삼각형 베이스	베이스 크기는 삼각형으로서 두상 전체에 위치할 수 있으나 구획과 구획을 연결지을 때 주로 사용된다.
	부등변 사각형 베이스	전두부와 측두부 또는 측두융기 영역에 주로 사용된다.
	장타원형 베이스	C 컬과 CC 컬을 교차시킴으로써 웨이브의 형성에 응용된다.
	원형 베이스	삼각형 베이스와 함께 원형 확장 형성에 응용된다. 안쪽은 피벗 포인트를 중심으로, 바깥쪽은 삼각형 베이스로 확장되는 모양으로 형성된다.

(2) 베이스 크기

베이스 크기는 사용되는 로드 또는 롤러의 폭인 직경에 의해 결정된다. 로드 사용을 예로 하였을 경우, 1 직경 베이스는 펌 패턴에서 가장 기본적으로 사용된다.

베이스 크기	명칭	내용
	1 직경 베이스	한 개의 로드 폭(굵기)만큼의 베이스 크기를 단위상 1 직경이라 한다.
	1.5 직경 베이스	한 개의 로드 폭과 1/2 로드 폭만큼의 베이스 크기를 설정함으로써 단위상 1.5 직경이라 한다.

	2 직경 베이스	로드 2개의 폭만큼 베이스 크기를 설정함으로써 단위상 2 직경이라 한다.

(3) 베이스 위치 및 스템

로드의 안착(Anchoring) 위치 또는 모다발의 빗질 각도(Forming)에 의해 웨이브 효과에 따른 강약은 볼륨 또는 부피감에 영향을 준다.

베이스 위치			스템 각도	시술각	내용
		온 베이스 (On base)	논 스템 (Non stem)		• 베이스 크기(1 직경)에서 전방 45°(135°) 포밍한다. • 최대의 볼륨에 의해 풀 스템 웨이브가 형성된다. • 단점은 직경이 뚜렷하여 고무줄 자국이 생기는 것이다.
		하프오프 베이스 (Half off the base)	하프 스템 (Half stem)		• 베이스 크기(1 직경)에서 45~90° 포밍한다. • 베이스 스템이 1/2 정도 남기고 와인딩된다. • 온과 오프의 중간 정도의 볼륨감으로서 하프 웨이브가 형성된다.
		오프 베이스 (Off base)	롱 스템 (Long stem)		• 베이스 크기(1 직경)에서 물러나 0° 포밍한다. • 베이스 스템은 길게 남기고 와인딩된다. • 웨이브가 느슨하여 볼륨감이 없다.

2 모양 다듬기(Hair shaping)

모다발이 갖는 빗질 상태(결처리)인 셰이핑은 '모양을 만든다'라는 의미로서 스케일된 모다발을 빗질하는 포밍(Forming)과정이며 둥근 두상의 방향성을 통해 모류를 결정시킨다. 이는 리본닝 전의 기초 기술이다.

셰이핑 종류	명칭	내용
	스트레이트 셰이핑 (Straight shaping)	1 직경 스케일된 모다발을 똑바로 빗질(포밍)한다.
	라이트 고잉 셰이핑 (Right going shaping)	1 직경 스케일된 모다발을 오른쪽으로 약간 돌려 빗질한다.
	레프트 고잉 셰이핑 (Left going shaping)	1 직경 스케일된 모다발을 왼쪽으로 약간 돌려 빗질한다.

Section 2 **와인딩의 기본 기술**

1 블로킹 및 와인딩 순서

블로킹은 펌 몰딩 디자인에 따라 1직경 스케일된 모다발을 로드에 효율적으로 와인딩하기 위해 두상을 영역화하는 것이다.

1) 9등분 블로킹

(1) 블로킹 순서

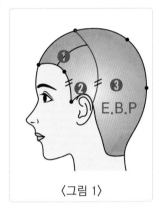

〈그림 1〉

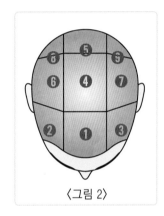

〈그림 2〉

- <그림 2>와 같이 ① → ② → ③ → ④ → ⑤ → ⑥ → ⑦ → ⑧ → ⑨ 순으로 블로킹한다.
- <그림 2>의 ②와 ③, ⑥과 ⑦, ⑧과 ⑨는 오른쪽 또는 왼쪽 영역으로서 어느 쪽을 먼저 블록화해도 상관없다.
- <그림 1>의 ②에서 '='표시는 양쪽의 폭이 똑같음을 나타낸다.
- <그림 1>의 ②와 ③에서 영역화 시 발제선이 둥그므로 파팅 시 측수직선을 둥글게하여 연결한다.

(2) 와인딩 순서

- 그림 3과 4에서와 같이 와인딩은 ① → ② → ③ → ④ → ⑤ → ⑥ → ⑦ → ⑧ → ⑨ 순서로 한다.
- 그림 3의 ②와 ③, ⑤와 ⑥, ⑦과 ⑧은 오른쪽 또는 왼쪽 영역으로서 어느 쪽을 먼저 와인딩해도 상관없다.
- 그림 4와 5는 와인딩 순서로서 ①의 상단에서부터 1 직경 스케일이 시작된다.

PART 5

기초 헤어 퍼머넌트 웨이브

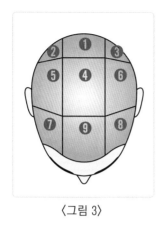
〈그림 3〉

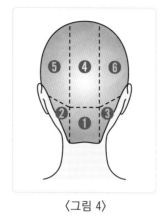
〈그림 4〉

〈그림 5〉

2) 가로 혼합 와인딩

가로 혼합형은 4개의 영역으로 가로 구획한 후 7개의 블로킹으로 나눈다.

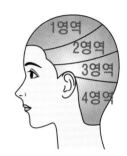

(1) 블로킹 순서

① 1 영역은 8호 로드 기준으로 C.P ~ T.P까지 센터 파트(Center part) 후 G.P보다 약 0.5cm 내려온 지점인 7.5cm와 S.P를 연결하여 블록짓는다. 정중선을 중심으로 왼쪽, 오른쪽 2개(①, ②)가 블로킹된다.

② 2 영역은 1 영역이 끝난 지점에서 B.P까지 4.5cm 기준으로 가로 영역된 후 백정중선의 왼쪽, 오른쪽 모다발을 따로 묶어 고정(Lasing)하여 2개의 블로킹을 만든다.

③ 3 영역은 2 영역이 끝난 지점에서 귀선 1/2 지점을 연결하여 4.5cm 기준으로 가로 영역된 후 백정중선의 왼쪽, 오른쪽 모다발을 따로 묶어 고정(Lasing)하여 2개의 블로킹(⑤, ⑥)을 만든다.

④ 4 영역은 3 영역이 끝난 지점에서 N.P까지 7.5cm 기준으로 가로 영역된 후 모다발을 묶어 고정한다.

(2) 와인딩 순서

왼쪽 | 오른쪽

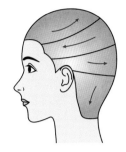

와인딩은 반드시 ①, ② → ③, ④ → ⑤, ⑥ → ⑦ 순으로 한다.

① 1 영역은 왼쪽에서 오른쪽 방향으로 확산형 패턴으로 와인딩된다.

② 2 영역은 오른쪽에서 왼쪽 방향으로 윤곽형 패턴으로 와인딩된다.

③ 3 영역은 왼쪽에서 오른쪽 방향으로 윤곽형 패턴으로 와인딩 됨으로써 2, 3 영역
은 교대인 장방형(Oblong) 패턴이 된다.

④ 4 영역은 위에서 아래 단으로 원·투 방식인 벽돌쌓기 패턴으로 와인딩된다.

2 감거나 감싸기 기술

로테이션 말기 기법으로서 크로키놀 와인딩과 스파이럴 래핑으로 구분된다.

1) 크로키놀 와인딩(Croquignole winding, Overlap winding)

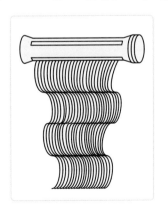

1직경 스케일(Scale)된 모다발의 모간 끝에서 리본닝(Ri-bboning)하여 모근 쪽으로 향해 말아간다.

2) 스파이럴 래핑(Spiral wrapping)

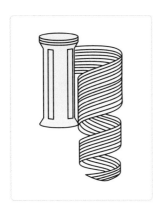

스케일된 모다발의 모근 끝에서 리본닝하여 모간 끝쪽으로 향해 감싸간다.

3 빗 쥐는 법(스케일 + 셰이핑 + 리본닝)

1) 빗 쥐는 법

(1) 오른손의 엄지와 검지를 빗몸과 빗꼬리 경계선인 선(축)회점을 잡는다.

(2) ① 빗꼬리로 로드폭이 1 직경을 스케일한다.

(3) ② 왼손 인지(또는 검지)는 ②가 연결될 수 있도록 스케일(1 직경) 잣대만큼 가름하고 있다가 꼬리빗이 오른쪽에서 왼쪽으로 파팅될 때 맞닥뜨린다.

(4) ③, ④, ⑤ 직경 스케일된 꼬리빗은 시술자 앞으로 당길 때 꼬리빗 위에 얹힌 모다발을 왼손 엄지와 검지로 집으며 꼬리빗을 뺀다.

(5) ⑥, ⑦, ⑧ 스케일된 모다발의 모근 가까이에 빗살을 대고 왼손에 쥐고 있던 모다발을 임의로 시술각(90° 이상)을 빗질(셰이핑)한다.

직경 파팅

스케일

모다발

모다발

모다발
빗질

1직경 헤어세이핑 또는 포밍

2) 엔드페이퍼(셰이핑 + 리본닝 + 와인딩)

엔드페이퍼는 플라스틱 로드로부터 모질을 보호하기 위해 모다발 끝을 한 겹 또는 두 겹 (책갈피 법)으로 감쌀 수 있다.

(1) 스케일된 모다발이 로드에 직접 닿는 것을 막기 위해 모발 끝 보호지(엔드페이퍼)를 사용한다.

(2) 엔드페이퍼는 리본닝 시 감싸기 편리함을 주고, 모발 끝의 자지러짐을 방지한다.

(3) 로드에 와인딩된 엔드페이퍼는 용제 사용 시 직접적인 화학적 자극으로부터 모발 끝을 보호하기 위해 사용된다.

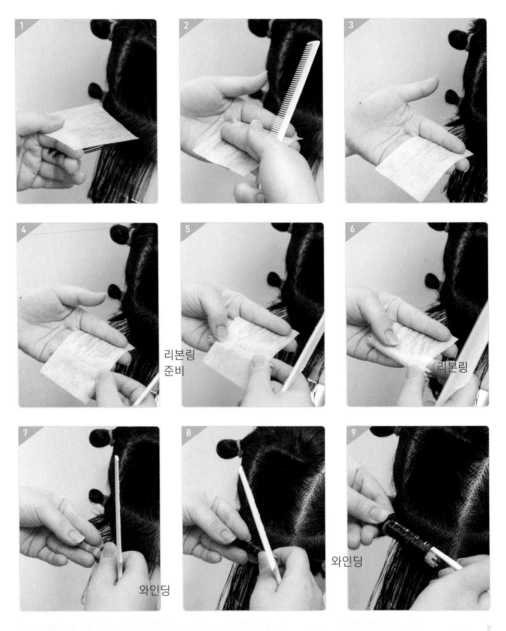

✓ 와인딩 시 사진 ⑦⑧에서처럼 셰이핑된 상태에서 왼손의 인지 중지 사이에 모다발을 두고 오른손 모지와 인지로 180°로 한쪽 손만 움직여 롤링하여야 빠르게 곱게 홀딩될 수 있다.

✓ 후두부 와인딩 시에는 두상의 각도를 반드시 앞숙임 상태에서 작업한다.

3) 고무밴딩(홀딩 + 고무밴딩 + 엔코우)

고무밴딩은 와인딩된 모다발을 안착시키기 위해 핀닝(Pinning)하는 과정이다. 모다발의
근원인 모근에 고무줄로 인한 자극을 주지 않도록 11자가 되도록 고무밴딩 작업해야 한다.

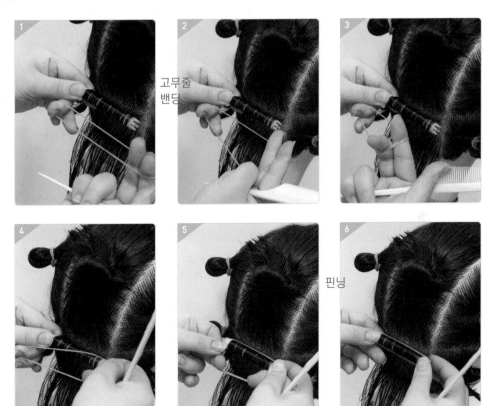

고무줄
밴딩

핀닝

기본 헤어 퍼머넌트 웨이브

4 로드 와인딩 절차

한 개의 로드가 1 직경된 모다발을 감아서 고정시킨다.

① 스케일(Scales) → 셰이핑(Shaping) → ②, ③ 리본닝(Ribboning) → ④, ⑤ 와인딩(Winding) → ⑥ 엔코우(Anchoring) → ⑦, ⑧ 고무밴딩(Banding)으로 핀닝함으로써 홀딩(Holding)되는 과정을 거친다.

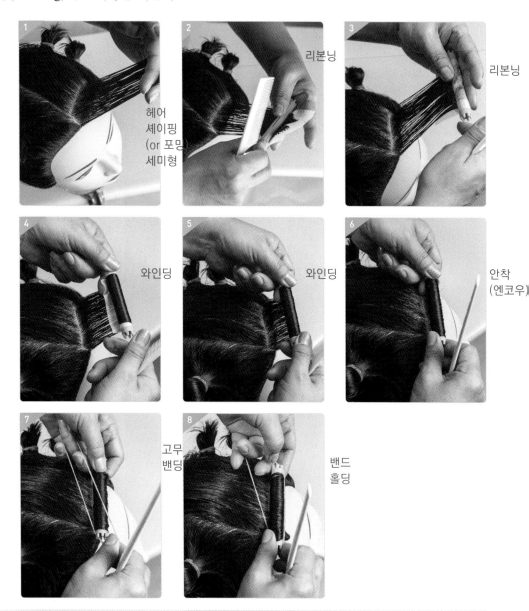

• 전두면 와인딩 시에는 두상의 각도를 시술자 몸에 닿을 정도로 기울여서 작업한다.

Section 3 **펌 몰딩 기법**

1 확장형 로드 몰딩(Expended circle rod molding)

얼굴 옆면(측수직선, 측두면)의 연결 면인 측정중면은 확장원형의 바깥쪽으로서 두개골
의 곡면에 따라 직사각형·부등변·삼각형 베이스를 스케일 파팅한 후 와인딩한다.

> 몰딩은 오리지날 세트로서 패턴(Pattern) 또는 몰딩(Molding)이라고도 한다. 머리
> 모양(Head shape)인 두상은 안두개와의 뇌두개의 측면에 따라 커다란 곡선 형태를
> 가진다.

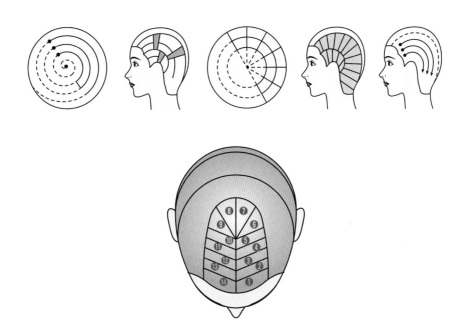

2 장방형 로드 몰딩(Contour rod molding)

첫 번째 방향은 C 컬로 볼록한 끝쪽으로 움직인다. 두 번째 방향은 CC 컬로 오목한 끝쪽
으로 움직인다.

일정한 방향의 C 커브와 CC 커브를 가진 교대 방향을 통해 강한 웨이브를 형성한다. 즉, 장방형 몰딩에는 볼륨과 오목이 갖는 S컬의 방향을 유지한다.

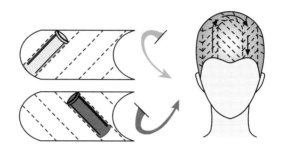

3 벽돌형 로드 몰딩(Brickly rod molding)

- C·P에서 시작되는 로드 1개를 와인딩 후, 이를 중심으로 로드 길이의 1/2선에서 오른쪽, 왼쪽의 로드를 받치는 식으로 로드 중심 영역에 따라 몰딩한다.
- 본서에서의 실기 작업인 벽돌쌓기 패턴은 오버랩(Overlap method) 방식이다.

1직경 스케일은 베이스 모양(대체적으로 로드 직경에 준함)으로서 로드 몰딩이 1~2(One-two) 방식으로 사용된다. 그럼으로써 지속적인 컬에 따른 베이스 크기가 자연스럽게 어긋나 두피에서 파팅 자국(고무줄 자국)이 생기지 않는다.

펌 와인딩 시 요구사항 및 유의사항

1 통가발 마네킹(또는 위그) 준비하기

① 두상 전체의 두발에 모근 중심으로 워터 스프레이를 고르게 적당하게 분무한다.

② 업 셰이핑 후 주어진 과제에 맞게 9등분 블로킹 또는 가로 혼합형 블로킹 7등분을 한다.

③ 블로킹 시 정확하고 빠르게 해야 하며 모다발의 밴딩처리(혼합형일 경우 핀셋으로 핀닝해도 됨) 영역 간에 연결이 숙련되게 구획한다.

④ 시험자는 시술하기에 들어가면 마네킹 두발 물 축이기, 블로킹하기 등의 펌 와인딩 시 요구사항에 따라 주변을 미리 정리하는 세심한 자세를 유지해야 한다.

> ✓ 유의사항(감점처리됨)
> ① 블로킹이 전체적으로 정확하지 않았을 때
> ② 두발에 물이 충분히 축여지지 않았을 때
> ③ 블로킹된 모다발에 고무밴딩처리가 미숙할 때
> ④ ①, ②, ③의 동작이 숙련되지 않고 미숙할 때

2 와인딩 순서, 로드 안착에 따른 작업 과정

과제로 제시된 펌 유형(9등분 또는 혼합형 와인딩)에 따라 와인딩 순서를 지켜야 한다.

① 와인딩 시 적당한 텐션을 유지해야 한다.

② 블로킹된 부위에 따라 정해진 로드 개수를 안착시켜야 한다. 와인딩 작업 시 로드의 사용개수는 기본형 55개 이상, 혼합형 55개 이상으로 한다.

③ 로드 폭(1 직경)보다 약간 작은 듯한 베이스 크기에, 직각분배(90° 이상)로 빗질하여 엔드페이퍼로 모다발 끝을 감싼 후 로드 와인딩하여 고무밴딩에 의해 고정(안착)시킨다. 기본형은 6 ~ 10호를 고루 사용하며 혼합형은 6 ~ 8호를 사용한다.

④ 로드 호수 선정은 두상 영역에 따라 와인딩 방향, 로드 크기, 베이스 크기가 달라진다(네이프 - 소형, 크라운 - 중형, 톱 - 대형). 블로킹(영역) 및 베이스 크기(직경)와 종류에 맞게 각각의 절차에 따라 정확하게 시술한다.

3 직경, 빗질(분배), 로드 간의 배치에 따른 작업 과정

① 스케일된 모다발의 모량이 직절해야 한다. 사용해야 할 로드의 폭(1 직경)보다 약간 작은 베이스 크기를 만들어야 와인딩 시 들뜨지 않는다.

② 로드 폭에 따라 베이스 모양(직사각형, 삼각형, 부등변 사각형 등), 베이스 크기(1 직경, 1.5 직경, 2 직경 등), 두상 위치에 따른 셰이핑(포밍)으로서 빗질 각도(직각분배) 등이 숙련되어야 한다.

③ 로드 간의 간격에서 공간이 생기지 않아야 하며, 와인딩된 두발은 균일하여야 한다.

4 각도, 텐션, 고무밴딩 등 마무리 완성도

① 와인딩된 로드가 온 베이스, 논 스템으로 안착되어야 한다.

② 와인딩된 로드 핀닝 시, 고무밴딩이 11자로 되어있어야 한다.

③ 로드에 두발이 고르게 감겨 있는 상태, 즉 텐션이 적당해야 한다.

✓ 유의사항(감점처리됨)
① 로드 1~2개를 풀어 보았을 때 빗질 각도, 11자 고무밴딩, 텐션 등이 미숙할 때
② 두피와 모근 사이에 고무밴딩의 자국이 강할 때

5 혼합형의 경우

✓ 유의사항(감점처리됨)
① 가로 4단(등분)을 하지 않았을 때
② 각각의 등분에서 요구하는 cm가 틀렸을 때
③ 가로단 또는 모다발의 고무밴딩(핀닝)처리가 미숙할 때
④ 와인딩된 로드 간격이 1 직경 이상 벌어지거나 겹쳐졌을 때

6 과제 종료 후 전체 조화

① 와인딩의 정확성에 따른 로드 간의 배열 및 배치가 조화로워야 한다.
② 로드의 개수는 기본형은 55개 이상, 혼합형은 55개 이상이 안착되어야 한다.

✓ 유의사항(감점처리됨)
① 와인딩된 상태에서 요구한 로드 개수가 부족할 때
② 요구사항의 표현이 전체적으로 부족하거나 미숙할 때
③ 균형미와 조화미가 전체적으로 부족하거나 미숙할 때
④ 시험시간 종료 후에도 빗질 등 과제 및 도구를 만졌을 때

기본 헤어 퍼머넌트 웨이브의 세부 과제

1 퍼머넌트 웨이브의 9등분 작업 절차(35분, 20점)

기본 기법 및 블로킹(4점) → 와인딩 순서 및 로드배치(4점) → 직경, 빗질 및 로드간격(4점) → 밴딩처리, 안착 각도 및 텐션(4점) → 전체조화(4점)

2 9등분 와인딩의 실제

세부항목	작업요소

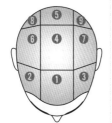
블로킹 및
기본자세(4점)
	• 펌 와인딩에 요구되는 필요도구(고무줄, 로드, 엔드페이퍼, 스프레이, 빗) 등을 작업 시 꺼내지 않도록 미리 충분히 준비한다.
	  – 시험도중에 도구나 재료 등을 꺼내어 사용할 경우 감점(-1)처리된다.
	• 모근 가까이에 반드시 물을 충분히 분무한 후 업 셰이핑한다.
	• 8호 로드를 C.P 중심(가로×세로)에 대고 ①블록을 만든다.
	  – ②와 ③블록은 ①영역의 가로, 세로가 만나는 모퉁이에서 E.B.P까지 페이스라인 따라 둥글게(8호 로드 길이가 넘칠 듯이) 구획 또는 영역화한다.

	– ④,⑤의 블록은 ①영역 폭만큼 네이프라인까지 연결하여 블록화한 후 ⑤블록은 귀 1/2선에서 연결하여 영역화한다.
	
	  – ④의 정중면이 설정되면 ⑥과 ⑦은 자연스럽게 영역화된다. 즉 로드 6~7호의 길이를 사선으로 하여 밖으로 넘쳐나지 않게 넓이(폭)를 유지한다.
	  – ⑧, ⑨의 블록은 ⑤블록을 경계 짓는 귀 1/2선보다 0.2~0.3cm 정도 높이에서 사선으로 하여 ⑧과 ⑤와 ⑨의 영역이 V로 하여 연결된다.
	• 블록을 만들기 위해 모다발을 영역 중앙으로 빗질하여 블록된 선들이 선명하게 보일 수 있도록 고무줄로 묶는(lacing)다.
	• 블로킹 순서는 ①→② 또는 ③→④→⑤→⑥ 또는 ⑦→⑧ 또는 ⑨로 한다.

블로킹과 파팅	• 오리지날 몰딩 순서는 ⑤→⑧ 또는 ⑤→⑨, ④→⑥ 또는 ④→⑦, ② 또는 ③, ①로 하여 직경을 스케일하기 위해서는 상단(위)에서 하단(아래) 쪽으로 향한다. • 와인딩을 위해 블록에 묶어져 있는 모다발을 풀면서 모근을 향해 물을 분무한다. • 정중면의 오리지날 세트로서 1직경(로드 폭 1배 또는 그 보다 적은 폭)의 직사각형 베이스 모양(스케일)으로 파팅한 후, 직각분배(90° 또는 그 이상의 시술각도)에서 온 베이스 위치, 논 스템 빗질에 따라 로드를 사용하여 와인딩한다. • 양 측정중면의 첫 번째 상단에는 삼각형 베이스 모양으로 하는 스케일에 정중면을 향해 시술각 135°로 오른쪽 또는 왼쪽으로 돌려(R·L going shaping) 빗질하여 와인딩한다. • 양 측두면은 부등변 사각형 베이스로 하는 스케일에 직각분배(90° 또는 그 이상의 시술각도)에서 로드를 사용하여 와인딩한다.
몰딩에 따른 로드 배열(4점)	• 몰딩에 요구되는 블로킹된 영역 간 또는 로드와 로드 사이에 배열공간이 벌어지지 않도록 한다. • 두상의 곡면에 따라 자연스럽게 밴딩된 고무줄 위치로 가지런하게 로드가 안착되어야 한다.
텐션 및 밴딩처리 (4점)	• 직사각형 베이스 모양으로 빗질(Shaping) 후 모다발 끝을 감는 리본닝은 엔드페이퍼를 로드에 먼저 감싼 후 두발끝에서부터 말아(Winding)간다. – 이때, 직각분배에 의한 빗질 각도는 모근끝까지 유지해야 텐션 유지력이 좋아지며 로드에 감긴 모발 결이 가지런해진다. • 온 베이스 위치에 논 스템으로 빗질된 모다발을 로드에 와인딩 후 홀딩(고무밴드)할 때 로드를 두피에 바짝 대지 않은(손가락이 받쳐진) 상태에서 모근 깊이 자극을 주지 않도록 11자로 밴딩한다.

완성도 및 조화미 (4점)	• 블로킹된 두상의 곡면방향에 따라 55개 이상의 로드가 빈틈없이 조화롭게 몰딩되어 있어야 한다.
	  – 35분 동안 로드 1개라도 다 말지 못했을 경우 완성도, 미완성처리(0점)가 된다.
	  – 35분 동안 로드 개수 55개 미만일 경우 감점(-5)처리되며 감점을 뺀 합산으로 점수가 결정된다.

Section 1 재커트

1 레이어 커트

지정된 과제 형이 스파니엘, 이사도라, 그래듀에이션형인 경우에는 퍼머넌트 와인딩 전, 15분 동안 레이어드형으로 재커트해야 한다(검정형 작업 시 점수화되지 않고 정확한 블로킹이 요구되지도 않지만 두발길이가 고르지 않으면 와인딩 시 요구되는 작업이 이루어지기 힘들게 된다).

목표	시험 규정에 맞게 가위와 커트 빗을 사용하여 레이어드 스타일을 작업한다.	블로킹	5등분
장비	작업대, 홀더, 분무기	형태선	컨벡스라인
도구	빗, 핀셋, 가위	섹션	3cm
소모품	통가발 마네킹(또는 위그)	시술각	90°
내용	가이드라인 12~14cm, Top에서의 길이는 13~14cm 정도가 된다.	손의 시술각도	90°
시간	15분	완성상태	센터 파트 후 안말음 빗질

2 사전준비 및 블로킹

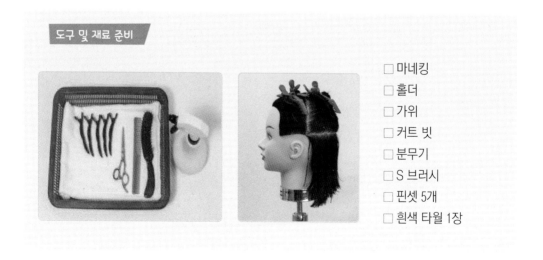

도구 및 재료 준비

☐ 마네킹
☐ 홀더
☐ 가위
☐ 커트 빗
☐ 분무기
☐ S 브러시
☐ 핀셋 5개
☐ 흰색 타월 1장

❶ 퍼머넌트 와인딩을 하기 전 재커트 준비를 하고, 정중선으로 나눈다.

(본 교재에서는 그래듀에이션형을 예로 들어 설명한다)

❷ 블로킹은 4등분으로 나누고 N.P 11~12cm, B.P 13cm가 되도록 수직으로 파팅하여 자른다.

❸ 우측에서 좌측으로 이동하면서 수직분배(90°), 온 베이스로 인커트한다.

PART 5

기본 헤어 퍼머넌트 웨이브

❹ 우측에서 좌측 사이드로 이동하면서 두피에 대하여 수직분배, 온 베이스로 인커트
한다.

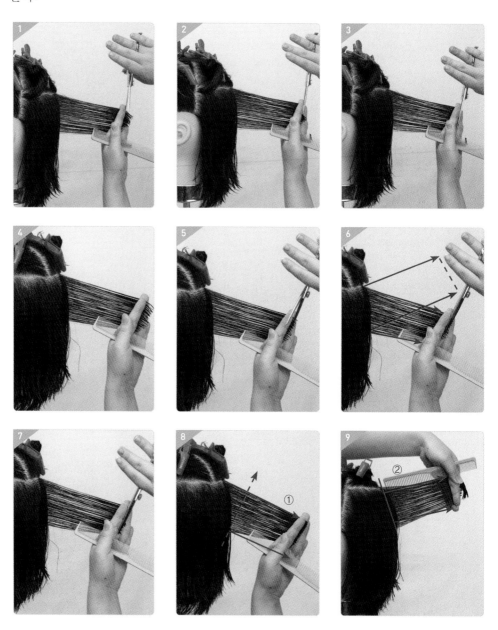

❺ 두정부의 두정면에서 컨벡스라인은 13~14cm가 유지되도록 직각분배, 온 베이스, 아
웃커트한다.

❻ 측두면의 섹션은 수직 파팅하여 온 베이스, 인커트한다.

❼ T.P~C.P까지 13~14cm의 길이를 유지하기 위해 직각분배, 온 베이스, 아웃커트한다.

❽ 커트를 한 후에는 가로와 세로로 체크하여 튀어나온 두발이 없는지 확인한다. 재커트 15분 이내에 레이어드형이 완성된다.

1 9등분 완성 작품

2 9등분 와인딩

목표	시험 규정에 맞게 로드와 빗을 사용하여 9등분 와인딩 펌 작업을 한다.	블로킹	9등분
장비	작업대, 민두, 홀더, 분무기	패턴	구형 로드 몰딩 패턴
도구	로드(6, 7, 8, 9, 10호), 빗, 엔드페이퍼, 고무줄	베이스종류	직사각 베이스, 삼각 베이스, 부등변 사각형 베이스
소모품	통가발 마네킹(또는 위그)	시술각	90° 이상
커트형	레이어드	로드와 손가락위치	평행
시간	35분	완성상태	로드 와인딩된 상태

3 사전 준비 및 블로킹 순서

도구 및 재료 준비

- ☐ 마네킹
- ☐ 홀더
- ☐ 분무기
- ☐ 꼬리빗
- ☐ S 브러시
- ☐ 밴드
- ☐ 엔드페이퍼

- ☐ 흰색 타월
- ☐ 로드 크기 :
    6호(파랑) – 30개,
    7호(노랑) – 20개,
    8호(빨강) – 20개,
    9호(핑크) – 10개,
    10호(녹색) – 10개

블로킹 순서

정면

오른쪽 측면

왼쪽 측면

후면

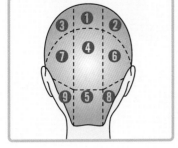

두발에 충분히 물을 분무한 후 두상의 영역을 9등분으로 블로킹하여 고무밴딩한다.

❶ 블로킹 순서는 다음과 같다.
- C.P를 중심으로 8호 로드를 토대로 가로×세로(① 영역)로 전두면을 블로킹하여 고정한다.
- 오른쪽과 왼쪽 측두면의 발제선은 E.B.P를 따라 약간 둥글게 연결시켜 블로킹(②, ③ 영역)하여 고정한다.
- 백정중면(두정부 포함)에서 하단 후두면(귀선 연결 1/2)을 남기고 블로킹(④ 영역)하여 고정한다.
- 후두부 정중면 하단의 나머지 영역을 블로킹(⑤ 영역)하여 고정시킨다.
- 오른쪽 왼쪽 측정중면을 E.B.P와 연결하여 블로킹(⑥, ⑦ 영역)한 모발을 묶는다.

• 양쪽 측정중면의 하단 영역을 블로킹(⑧, ⑨ 영역)하여 고정한다.

❷ 와인딩은 블록된 ① → ② → ③ → ④ → ⑤ → ⑥ → ⑦ → ⑧ → ⑨의 순서로 풀어서 로드 와인딩한다.

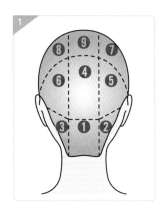

- ① 영역을 가장 먼저 와인딩하기 위해 상단 1 직경으로 스케일한 후 90°로 빗질하여 온 베이스, 논 스템으로 와인딩한다.
- 왼손의 인지와 중지 사이에 포밍된 모다발의 끝 부분에 엔드페이퍼를 올리고 오른 손의 인지로 페이퍼를 로드에 감싼 후 와인딩한다(9호(핑크) 2개, 10호(초록) 2개).

❸ 왼손의 인지가 두개피 가까이에서 닿을 정도가 되면 정착시키기 위해 오른손으로 고무밴드를 쥐어 왼손 중지에 건 다음 오른쪽 로드의 홈걸이에 고무밴드를 고정시킨다. 동시에 오른손 인지와 엄지로 로드를 잡고 왼손중지에 걸린 고무밴드를 왼손인지와 엄지로 받아서 왼쪽 로드의 홈에 11자로 모다발을 고정시킨다.

❹ 오른쪽 ② 영역은 1 직경 좌대각 파팅한 후, 9호 로드를 이용하여 파팅과 나란하게 로드를 안착시킨다(9호(핑크) 2개, 10호(초록) 2개).

❺ 왼쪽 ③ 영역은 9호 로드 2개, 10호 로드 2개를 ②의 영역과 동일한 방법으로 와인딩 안착시킨다.

❻ ④ 영역은 로드의 폭 만큼(1 직경) 직사각형 베이스 크기로 스케일 후 90°로, 업 셰이핑(포밍)상태에서 동일한 텐션으로 와인딩 후 안착한다.

> 후두 정중면은 6호 로드(파랑) 8개, 7호 로드(노랑) 3개, 8호 로드(빨강) 2개를 사용하여 온 베이스, 논 스템으로 안착한다.

❼ 오른쪽 왼쪽(⑤, ⑥ 영역)에서 첫 번째 직경은 삼각 베이스가 되도록 대각선 파팅 후, 90~135° 업 셰이핑 왼쪽으로 약간 사선으로 돌려 빗질(포밍)한다.

> 후두부 측정중면은 6호 로드(파랑) 2개, 7호 로드(노랑) 3~4개, 8호 로드(빨강) 2~3개를 사용하여 온베이스, 논 스템으로 안착시킨다.

❽ 측두면 영역(⑦, ⑧)은 측정중면과 인접한 파팅선이 페이스라인 쪽보다 폭이 점차 넓어지므로 부등변 사각형 베이스 크기로 스케일 후, 90~135° 업 셰이핑 오른쪽으로 약간 사선으로 돌려 빗질(포밍) 후 포밍된 각도로 텐션을 유지하면서 한쪽으로 치우치거나 들뜨지 않게 와인딩하여 안착시킨다.

측두면은 부등변 사각형 베이스로 파팅한 후, 6호 로드(파랑) 2개, 7호 로드(노랑) 3~4개, 8호 로드(빨강) 2~3개를 사용한다.

부등변 사각형
베이스크기

방향성

❾ ⑨ 영역은 1 직경 스케일 후, 90~135°로 업 셰이핑(포밍) 스케일한다.

전두부의 전발은 6호 로드 6개가 안착되도록 온 베이스, 논 스템한다.

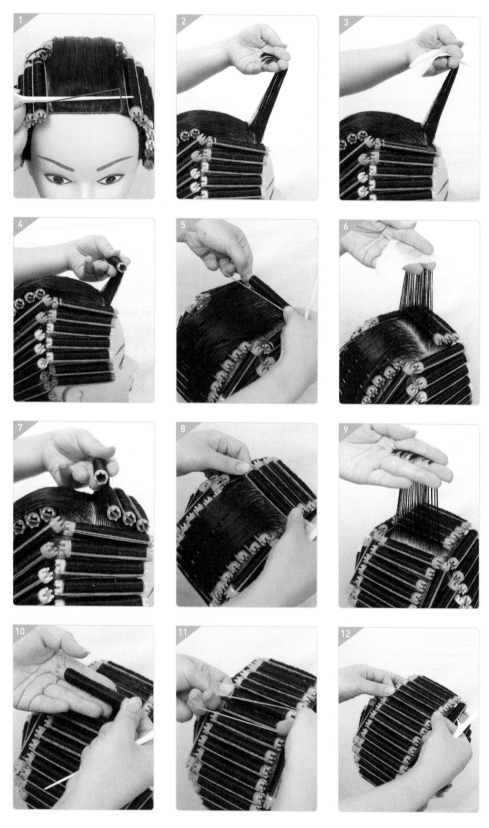

⑩ 완성된 9등분

- 로드간 배열이 균등해야 하며 빈 공간이 전혀 생기지 않는 방향성을 갖추어야 한다.
- 영역간 구획이 생기지 않도록 로프 배열을 정확히 하고 로드방향이 정중면 → → 측정중면 → 측두면이 명확하게 안정감을 갖도록 시술각도, 직경, 빗질, 로드 안착, 밴딩 등이 두피와 반듯하게 안착되어야 한다.

특히, T.P에서 G.P를 경계로 직경을 나눌 때 로드 넓이보다 1/4정도 적은 폭으로 스케일한다.

| Section 3 | 혼합형 와인딩 |

1 혼합형 와인딩 작업절차(35분, 20점)

세부항목	작업요소
 블로킹 및 기본자세(4점)	• 혼합형 펌 와인딩에 요구되는 필요도구(로드, 고무줄, 엔드페이퍼, 빗, 스프레이) 등을 작업 시 꺼내지 않도록 미리 충분히 준비한다. 　→ 시험도중에 도구나 재료 등이 모자라서 꺼내거나 옆사람 것을 가져다 사용할 경우 감점(-1)처리된다. • 모근 가까이에 반드시 물을 충분히 분무한 후 업 셰이핑한다. • 가로 혼합형은 두상의 세로 1/2선인 정중선으로 파팅한 후 4개의 영역으로 가로 구획한다. • 오리지널 몰딩을 위한 블로킹 순서는 ① 또는 ②→③ 또는 ④→⑤ 또는 ⑥→⑦로 영역화한다. • 1구획은 8호 로드 기준(C.P에서 G.P까지 14.5cm) T.P에서 G.P보다 약 0.5cm 내려온 지점에서 S.P를 그림과 같이 연결하여 영역화한 후 ①, ②로서 블록으로 한다. • 2·3 구획은 1영역이 끝난 지점에서 귀 1/2선까지 연결(9cm 정도) 하여 귀 1/2선 아래는 4구획으로 하여 ⑦의 블록이 형성된다. • 2·3구획에서 B.P를 이은 2의 영역은 3구획보다 조금 적은 듯이 하여 ③, ④의 블록으로 B.P와 귀 1/2선 경계까지는 ⑤, ⑥의 블록이 형성된다.
 1직경 베이스 크기의 시술각도 및 빗질 (4점)	• 오리지널 몰딩 순서는 ① → ② → ③ → ④ → ⑤ → ⑥ → ⑦로 한다. • 스케일에 따른 와인딩 순서는 왼쪽 ①영역에서 오른쪽 ②영역(1영역 14개 로드), 오른쪽 ③영역에서 왼쪽 ④영역(2영역 15개 로드), 왼쪽 ⑤영역 → 오른쪽 ⑥영역(3영역 15개 로드), ⑦영역은 원에서 → 투 → 원 → 투 → 원(5단 13개)으로 끝난다. • 확산형 패턴으로 와인딩되는 1영역은 6호 로드 14개 이상으로 하여 1.5 직사각형 베이스 모양에 하프 오프 스템으로 빗질(45°)하여 와인딩 후 밴딩한다. 　→ 특히 ①영역 4·5번째의 로드가 안착될 스케일은 부등변 사각형 베이스 모양에서 6·7·8·9번 째 로드가 안착되는 스케일은 삼각형 베이스 모양으로 하여 롱 스템으로 빗질하여 오프 베이스 위치에 밴딩된다. • 오블롱 패턴(②·③영역)으로 와인딩 되는 2영역은 7호 로드 15개 이상으로 하여 1직경 직사각형 베이스 모양에 논스템으로 빗질(90°)하여 와인딩 후 밴딩한다.

1직경 베이스 크기의 시술각도 및 빗질 (4점)	→ 특히 6·7·11·12번째 로드가 안착되는 스케일은 부등변사각형 베이스모양으로 하여 하프오프 스템으로 빗질하여 하프오프 베이스 위치에 밴딩된다. 이에 반해 8·9·10번째 로드가 안착될 스케일은 삼각형 베이스 모양으로 하여 롱 스템으로 빗질하여 하프 베이스 위치에 밴딩된다.
	• 오블롱 패턴으로 왼쪽부터 와인딩이 시작되는 3영역은 7호 로드 15개 이상으로 하여 1직경 삼각형 베이스 모양에 하프오프 스템으로 빗질(45°)하여 하프오프 베이스 위치에 밴딩한다.
	→ 3영역 2 ~ 15번째 로드가 안착될 스케일은 직사각형 베이스 모양에서 논 스템으로 빗질(90°)하여 온 베이스 위치에 밴딩한다.
	• 원투 패턴(④영역)으로 와인딩되는 4영역은 8호 로드 13개 이상으로 하여 5단(1단-로드 3개, 2단-로드 2개, 3단-로드 3개, 4단-로드 2개, 5단-로드 3개)으로 하여 가운데는 1직경 직사각형 베이스 양측면은 삼각형 베이스 모양에 논 스템으로 빗질(90°)하여 온 베이스 위치에 밴딩한다.
몰딩에 따른 로드 배열 (4점)	• 몰딩에 요구되는 구획된 영역 간 또는 로드 간 배열 공간이 벌어지지 않도록 한다.
	• 두상의 곡면 방향에 따라 시술 각도와 베이스 모양(직경), 베이스 크기 및 위치, 스템 (빗질)에 맞게 로드가 조화롭게 안착되어야 한다.
텐션 및 밴딩처리 (4점)	• 두상의 곡면 방향에 따라 자연스럽게 밴딩된 고무줄 위치를 유지하여야 한다. 모다발에서 요구되는 시술 각도에 따라 빗질된 후에는 텐션을 그대로 유지하면서 와인딩해야 밴딩 처리 시 모결이 매끄럽게 고정된다.
완성도 및 조화미 (4점)	• 구획화된 두상의 곡면 방향에 따라 55개 이상의 로드가 빈틈없이 조화롭게 몰딩되어야 한다.
	→ 특히 1영역에서 7·8번째 로드 간 오버랩 되지 않도록 하며, 7·9번째 로드가 정 중선을 따라 서로 맞대어져 있는 모양이 나와야 한다.
	→ 35분 동안 1개의 로드라도 다 말지 못했을 경우 완성도에서 미완성처리(0점)가 된다.
	→ 35분 동안 로드 개수 55개 미만일 경우 감점(-5)처리되며 완성도에 0점 처리 후 점수가 결정된다.

2 혼합형 와인딩 완성 작품

3 혼합형 와인딩

목표	시험 규정에 맞게 로드와 빗을 사용하여 혼합형 와인딩을 작업한다.	영역(블로킹)	4영역(7등분)
장비	작업대, 마네킹, 홀더, 분무기	패턴	확장형, 오블롱(교대), 벽돌형 로드 몰딩 패턴
도구	로드, 빗, 핀셋, 고무줄, 엔드페이퍼	베이스 종류	직사각형, 삼각형 베이스, 부등변 사각형
소모품	통가발 마네킹(또는 위그)	시술각	90° ~ 45°
커트형	레이어드	호프와 손가락위치	평행
시간	35분	완성상태	혼합형 와인딩된 상태

4 사전 준비 및 블로킹 순서

도구 및 재료 준비

☐ 마네킹
☐ 홀더
☐ 분무기
☐ 꼬리빗
☐ S 브러시
☐ 밴드
☐ 엔드페이퍼

☐ 흰색 타월
☐ 로드 크기 :
　　6호(파랑) – 30개,
　　7호(노랑) – 30개,
　　8호(빨강) – 20개

블로킹 순서

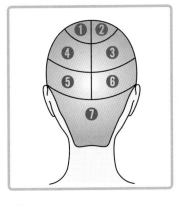

정면

오른쪽 측면

왼쪽 측면

후면

두발에 충분히 물을 분무한 후 두상의 영역을 가로 4영역으로 구분한다. 블로킹은 7등분으로서 고무밴딩(또는 핀셋) 처리하며 블로킹 순서와 와인딩 순서는 동일하다.

❶ C.P~G.P(센터 파팅)까지 7.5cm를 파트한 후, T.P~G.P까지 7.5cm로 연결한다. 정중선 15cm를 토대로 양쪽 S.P와 연결하여, 1영역에 2개의 블로킹된 모다발을 고무밴딩(또는 핀셋)으로 고정한다.

❷ G.P에서 후두부 방향으로 9cm 지점에서 E.S.C.P와 연결하여, 2영역과 3영역을 나누기 전에 하나의 영역으로 일단 구획지어 놓는다.

❸ 4 영역은 백정중선을 중심으로 N.P까지의 영역으로 구분된다.

❹ ❷ 에서 일단 구획된 영역을 1/2로 나눈다. S.P와 E.S.C.P를 연결하는 페이스라인 1/2 지점과 후두융기를 가로질러 2 영역과 3 영역으로 구분한다.

 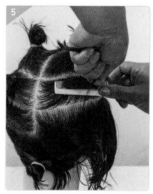 

⑤ 가로 4 영역에 7등분의 블로킹이 완성된다.

✓ 사진에서 볼 때, 2영역과 3영역은 1/2파트 또는 2영역이 넓게 표현되는 것 같지만 엄밀히 말하면 2영역을 3영역보다 조금 적게 구획지어야 한다. 그영역은 두상 중에 가장 넓은 크라운 부위로서 두상의 곡면이 3영역보다 조금 더 넓기 때문에 그 영역(또는 구획)을 조금 더 좁게 나누어 준다.

⑥ 1 영역의 왼쪽 블로킹에서부터 와인딩을 시작하기 위해 업 세이핑 135°(전방 45°), 1 직경 스케일한다.

⑦ 모다발은 6호 로드를 사용하여 온 베이스, 논 스템으로 안착된다. 5번째 로드까지 논 스템 와인딩한다.

• 왼쪽에서 시작되는 베이스 모양은 두상 곡면에 맞추어 사선으로 1~6번째까지 직사각형 베이스 모양으로 135° 세이핑 후 온 베이스, 논 스템으로 안착된다.

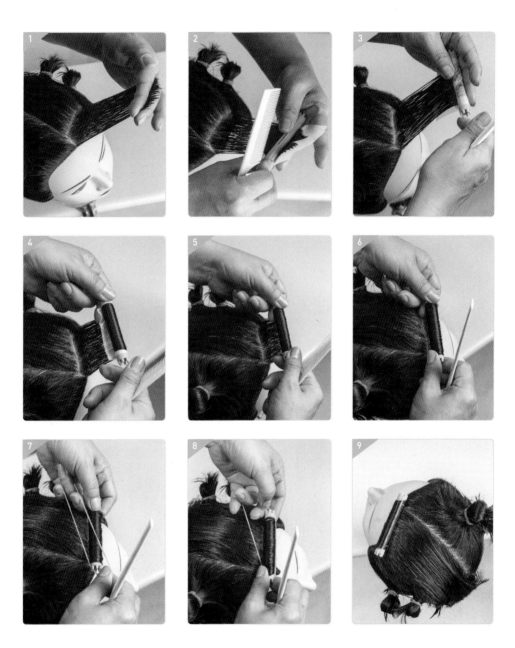

❽ 첫 번째 로드가 안착된 후, 두 번째 로드를 안착시키기 위해 1 직경 직사각형 베이스로
스케일하여 90° 이상으로 빗질한다. 네 번째 로드까지 첫 번째와 동일한 각도, 베이스
모양(직경), 베이스 위치, 스템 각도, 빗질 방향, 텐션 등이 요구된다.

❾ T.P를 중심으로 삼각형 베이스 모양에 맞추어 온·하프오프·오프 베이스의 위치로 점차 빗질되면서 논·하프·롱 스템으로 6호 로드가 안착된다.

> T.P에서 G.P까지 1/3 원호에 3개의 로드가 안착되기 위해서는 확장형 몰딩 패턴이 된다.

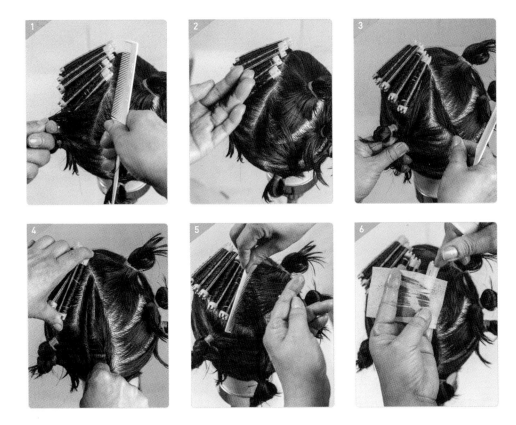

⑩ 8번과 9번은 삼각형 베이스 크기로, 바깥쪽은 원형(C로) 모양의 롱 스템 와인딩한다.

> 오른쪽 블로킹의 시작은 왼쪽 블로킹이 끝나는 7번째 로드가 안착된 연결 로드로
> 서 8~10까지 확장형 몰딩 패턴이 된다.

⑪ 10~14번은 사선으로 직사각형 베이스에 논 스템, 온 베이스로 안착된다.

사진에서는 7번
로드에 오버랩
(겹쳐지게) 보이
지만 실제로는
안정되게 안착
되어 있다.

⑫ 첫 번째 베이스 종류는 삼각형으로서 90°로 빗질하여 온 베이스, 논 스템으로 7호 로드가 안착된다.

14번째 로드가 안착된 후, 2 영역은 오른쪽에서 시작하여 왼쪽 방향으로 15개의 7호 로드가 윤곽형 몰딩 패턴으로 안착된다.

⑬ 두 번째 베이스는 1 직경 직사각형 베이스로서 90°로 온 베이스, 논 스템으로 와인딩한다.

삼각형베이스

⑭ 3 영역은 오른쪽에서 끝난 지점에서 왼쪽 방향으로 교대 오블롱으로 7호 15개 로드가 윤곽형 몰딩 패턴이 된다. 3 영역의 시작은 삼각형 베이스에 90°로 온 베이스, 논 스템으로 7호 로드가 안착된다.

삼각형베이스

부등변사각형

⑮ 3 영역 두 번째 로드는 직사각형 베이스에 90°로 온 베이스, 논 스템으로 7호 로드가 안착된다.

⑯ 4 영역의 시작은 1단의 중간에 안착하기 위해 1 직경(8호 로드) 온 베이스, 논 스템으로 안착된다. 원(1단 – 3개).

단 중심에 먼저 안착된 8호 로드(원 방식)를 제외하고 양 옆으로 8호 로드 각각 안착된다.

4 영역은 원·투 방식의 벽돌쌓기 몰딩 패턴으로 원에서 시작하여 원으로 끝나는 8호 13개 로드가 5단으로 안착된다.

⑰ 투(2단 - 2개) 와인딩한다.

• 2단의 시작은 1단의 중간에 안착된 8호 로드 1/2선을 중심으로 2개의 로드(투 방식)가 우선 안착된다.

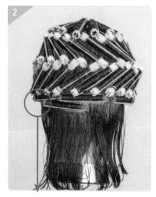

투 방식에서 모발을
남겨 놓는다.

⑱ 원(3단 - 3개) 와인딩한다.

- 3단은 2단에서 투 방식을 걸쳐서 8호 로드 1개를 안착시킨 후, 양 측면에 각각의 8호 로드를 안착시킨다.

2단(투 방식)에서 남겨 놓은 모발과 합쳐서 3단(원 방식)에서 와인딩해야 두상의 둥근 형태가 안정감을 갖는다.

⑲ 투(4단 - 2개) 와인딩한다.

- 4단은 3단에서 먼저 원 방식의 1/2선에서 2개의 로드를 우선 안착시킨다.

와인딩 하지 않고 남겨 놓음

⑳ 원(5단 - 3개) 와인딩한다.

- 마지막 5단은 4단의 투 방식의 중심에 로드를 안착시킨 후, 양 측면에 각각의 8호 로드를 안착시킨다.

외곽형태성

㉑ 가로혼합형 와인딩(1단 - 14개, 2단 - 15개, 3단 - 15개, 4단 – 13개 로드 안착 → 총 55개) 완성

PART 6

헤어 컬러링

CHAPTER 01 헤어 컬러링의 이해

Section 1 헤어 컬러링의 기초

1 모발색의 구성

모발은 모표피, 모피질, 모수질로 구성되어 있다. 모수질(빈 구멍)을 감싸고 있는 모피질은 모발에서 가장 두꺼운 부분(80~90% 차지)으로서 멜라닌이라는 자연색소 물질인 과립(Pigment granular)이 포함되어 있다.

1) 멜라닌(Melanin)

모발의 색은 멜라닌 과립의 존재 여부에 따라 밝고 어두운 정도가 결정된다. 모피질 내에 존재하는 멜라닌 과립은 어두운 갈색(적갈색)과 검정색을 구성하는 유멜라닌과 금색과 밝은 갈색(황갈색)을 구성하는 페오멜라닌에 기인한다.

(1) 멜라닌의 유형

① 유멜라닌(Eumelanin)

붉은색이나 파란색과 같은 어두운 색(갈색 또는 검은색 모발)을 결정하는 유멜라닌은 길쭉한 타원 모양으로서 입자(과립)형 색소라고 한다.

② 페오멜라닌(Pheomelanin)

노란색이나 붉은색과 같은 밝은 색을 결정하는 페오멜라닌은 유멜라닌보다 작은 모양으로서 모피질에 확산된 분사형 색소이다.

③ 혼합 멜라닌(Mixed melanin)

유멜라닌과 페오멜라닌 두 유형의 멜라닌이 하나의 과립 안에 들어 있는 경우이다.

(2) 멜라닌의 분포에 따른 모발 색상

모발은 모피질 내의 멜라닌 유형(유 또는 페오)과 농도, 분포에 따라서 색상이 결정된다.

> ✓ 헤어 컬러링을 할 때는 자연모발 내에 구성된 색소를 정확히 이해하고 파악해야 모델이 원하는 최종색상(결과색)을 정확히 연출할 수 있다.

2) 자연 모발색의 종류

(1) 색조모(Pigment hair)

자연모발은 명암(밝고·어두움)을 통해 색의 밝기를 나타낸다. 일반적으로 1에서 10까지 나타내는 척도, 즉 모발 등급으로 구분된다.

(2) 백모(Gray hair)

색이 없는 자연모발로서 선천적으로 멜라닌을 만들어 내지 못하는 경우 또는 모피질 내에서 멜라닌의 분포량이 줄어들 경우에 생기는 현상이다.

2 모발색상 이론

1) 빛과 색

(1) 빛(Light)

일반적으로 빛은 방사되는 수많은 파장 중에서 눈으로 볼 수 있는 가시광선(Visible light)이다. 가시광선은 약 380~780nm의 범위로서 380nm보다 파장이 짧은 영역을 자외선, 780nm보다 긴 파장의 영역을 적외선이라 한다.

(2) 색(Color)

색은 빛으로서 색채는 일반적으로 색지각의 심리적인 속성인 색상, 명도, 채도에 따라 명명된다.

2) 색의 분류

(1) 무채색

색상과 채도가 없는 명도 변화의 차이를 갖는 무채색은 검은색 – 회색 – 흰색으로 구성된다.

(2) 유채색

빨강, 주황, 노랑, 초록, 파랑, 남색, 보라 등과 그 사이의 모든 색 또는 그런 색감을 조금이라도 포함하는 무채색 이외의 모든 색을 말한다.

3) 색의 3속성

(1) 색상(Hue)

색의 종류인 색상은 10색, 12색, 20색, 24색 등으로 표현하며 어떤 빛깔을 다른 빛깔과 구별시킨다.

(2) 명도(Lightness)

색의 밝기를 의미하는 명도는 흰색에 가까울수록 높고 검은색에 가까울수록 낮다. 명도가 높다는 것은 그만큼 색이 밝다는 의미이다.

- 자연 모발색의 명도를 나타내는 척도는 등급 또는 레벨로서 표기는 탈색 등급표 (Bleach level)를 이용한다.
- 탈색 등급에서 가장 어두운 명도(색상)는 1이며, 가장 밝은 명도는 10으로 표기된다.
- 모발색의 중량감(무게감)은 명도에 의해 좌우한다. 이는 실제로 보이는 색상, 그 자체가 아니라 상대적인 밝음이나 어둠에 관여한다.

(3) 채도(Chroma)

색상의 깨끗함에 따른 선명도를 의미하는 채도는 가장 높은 색이 순색(원색)으로서 여기에 무채색을 섞는 비율에 따라 채도는 낮아진다.

4) 색 법칙

모발 내 자연색소(빨강, 노랑, 파랑)의 농축 정도에 따라 흑색 → 갈색 → 적색 → 황색의 순서로 색조모가 나누어지며, 백모인 경우 색소가 거의 없다.

(1) 원색(일차색)

원색은 색소발현체(Chromophor)로서 빨강, 노랑, 파랑이라 일컫는 기본색이다. 다른 색으로 분해할 수 없고 다른 색상을 혼합하여 만들 수도 없는 색이다.

(2) 이차색(등화색)

원색 2가지를 같은 양으로 혼합하여 얻어지는 색이다.

• 빨강 + 노랑 = 주황색, 노랑 + 파랑 = 초록색, 파랑 + 빨강 = 보라색

기본색 혼합	색상	이차색	색상
빨강 + 노랑		주황색	
노랑 + 파랑		초록색	
파랑 + 빨강		보라색	

(3) 3차색

• 각각의 원색 1개와 근접한 이차색 1개가 같은 양으로 혼합하여 얻어지는 색이다.
• 빨강 + 주황 = 오렌지, 빨강 + 보라 = 자주색, 노랑 + 주황 = 귤색
• 노랑 + 파랑 = 연두색, 파랑 + 초록 = 청록색, 파랑 + 보라 = 남색

(4) 4차색

• 3원색을 섞어서 만든 모든 색을 의미하며, 시각적인 느낌의 색인 난색과 한색의 범위로 분별된다.
• 한색(차가운 색) : 노랑, 주황, 빨강 등이 지배적인 베이스 색상이 된다.
• 난색(따뜻한 색) : 파랑, 초록, 보라 등이 지배적인 베이스 색상이 된다.

3 모발 색상의 범주

모발색을 다른 색으로 바꾸기를 원한다면 모발에서의 어떤 색상을 억제, 중화, 강화해야 하는지를 파악해야 한다. 이러할 때 가장 기본이 되는 것은 모발 내부에 실제 구성된 자연색소인 기여(바탕)색소를 아는 것이다.

| Section 2 | 헤어 컬러링의 이해 |

1 헤어 컬러링의 원리

모발의 색소를 인위적으로 제거하고 인공색소를 착색시키는 과정인 헤어 컬러링은 크게 탈색과 염색으로 대별된다.

1) 탈색

모발 내 멜라닌 색소 또는 인공색소를 제거함으로써 모발의 색을 낮은 명도에서 높은 명도로, 어두운 모발에서보다 밝은 모발색으로 변화시키는 방법이다.

(1) 탈색제의 작용

탈색제는 제1제와 제2제를 제조사의 사용 용량에 따라 1:2 또는 1:3으로 혼합하여 사용한다. 제1제의 주성분이 과황산암모늄인 알칼리제는 모발의 큐티클 층을 부풀려(팽윤) 제2제 산화제(과산화수소)의 침투를 도와준다. 즉 산소의 발생을 촉진시켜 신속한 탈색을 유도하는 작용을 한다.

① 과산화수소의 농도

H_2O_2의 농도는 % 또는 볼륨(Volume)으로 나타낸다. 이는 기체를 측정하는 단위로서 한 분자의 H_2O_2가 발생시킬 수 있는 발생기 산소($O\uparrow$)의 양을 나타낸다.

H_2O_2 농도(%)	볼륨(volume)	작용
3% H_2O_2	10 vol	탈색 작용은 안 되나 착색만 가능
6% H_2O_2	20 vol	1~2레벨 밝게 탈색
9% H_2O_2	30 vol	2~3레벨 밝게 탈색
12% H_2O_2	40 vol	4레벨 밝게 탈색

② 과산화수소의 사용 범주

모발을 밝게 하는 것은 자연적이거나 화학적 산화작용으로 일어난다. 즉 멜라닌색소의 표백으로 형성된다. 높은 농도의 과산화수소일수록 많은 양의 산소를 방출하여 탈색의 색소를 빠르게 하나 모발의 손상도가 크기 때문에 주의해서 사용한다.

- 과산화수소는 밝게 하기(Lightening), 색소 빼기(Bleach), 색소 지우기(Cleaning) 등에 사용된다.

③ 미용숍에서의 과산화수소 사용 범위

산화제의 강도는 제1제와 제2제의 혼합 시 H_2O_2의 볼륨에 따라 변화된다. 탈색, 염색, 애벌 염색, 지우기, 닦아내기, 펌 제2제(중화제), 소독 등에 사용된다.

(2) 탈색의 원리

염색제는 염료인 색소제(1차색)와 반사색(2차색)을 갖고 있는 반면, 탈색제는 2개의 단계를 거쳐 모발 내 멜라닌 색소를 표백(Oxy)시킨다.

① 1단계

알칼리제에 의해 모표피가 열리고 모피질 내부로 H_2O_2가 침투되는 단계이다.

② 2단계

H_2O_2로부터 발생한 산소($O\uparrow$)는 유색의 멜라닌색소를 옥시멜라닌(Oxymelanin) 으로 산화시켜 모발의 색상을 밝게 하는 탈색단계이다.

2 염색

염모제는 모발의 색을 모방하여 제조한다. 이는 모발 내로의 인공색소의 침착 정도와 견뢰도에 따라 기간별, 산화제의 사용 여부에 따라 화학적으로 분류된다.

(1) 염모제의 기간별 분류

모발 내에 침투한 염료가 얼마 동안 유지되는가에 따른 분류이다.

염모제의 종류	특징
일시적	1회 샴푸에 의해 모표피 표면에 착색된 염료는 제거된다.
반영구적	• 샴푸 횟수와 관련되며 4~6주 후면 색소가 점차적으로 퇴색된다. • 모표피와 모피질 내의 일부까지 침투되어 염(이온) 결합에 의해 흡착됨으로써 염색모가 된다.
영구적	• 인공적인 색으로 결합한 분자들은 모피질 내부에 영구적으로 결합한다. • 한 번의 염색 과정에서 탈색과 동시에 색을 착색시킴으로써 염착된다.

(2) 염모제의 화학적 분류

염모제 사용 시 첨가되는 산화제의 사용 여부에 따라 산화염모제와 비산화염모제로 분류된다.

구분	염모제의 종류	특징
비산화 염모제	일시적	산화제를 사용하지 않으며 일시적 착색으로 모발을 밝게 할 수 있다.
	반영구적	산화제를 사용하지 않으며 색소제 만으로 4~6주 염착력을 유지한다.
산화 염모제	영구적	색소제와 산화제를 혼합하여 사용함으로 고분자 화합물 구조로 영구 염색된다.

헤어 컬러링 시 요구사항 및 유의사항

1 컬러 작업 시 요구사항

1) 색 선정 및 배합

(1) 헤어 웨프트 상단 5cm를 띄우고 과제에서 요구되는 산성염모제를 도포한다.

- 투명 아크릴판에 웨프트를 안정되게 부착한다.
- 선정된 염모제를 위생적인 염색볼에 적정 비율로 옮겨 담는다.
- 선정된 염모제 양을 색상 비율에 맞추어 위생적인 염색 브러시로 배합한다.
- 브러시를 이용한 도포 간격과 라인은 웨프트의 5cm 길이에 두고 도포 시 흘러내리지 않도록 정확하면서 균일하게 바른다.

> ✓ 유의사항(감점처리됨)
> ① 웨프트를 안정되게 부착하지 않았을 때
> ② 염모제 색상 선정 및 비율이 정확하지 않을 때
> ③ 염모제 도포 시 브러시 처리 방법이 미숙할 때
> ④ 도구준비 및 과제에 맞는 작업자세, 주변정리 등이 숙지되지 못했을 때

2) 도포된 염모제가 착색되도록 브러시 도포작업, 호일 감싸기, 드라이어 열처리, 헹구기 등 적절한 방법으로 작업한다.

(1) 염모제 도포 시 작업의 숙련도

- 염색 브러시를 사용하여 모발 가닥에 빠짐없이 매끄럽게 도포하며, 브러시 손놀림이 유연해야 한다.
- 웨프트에 착색된 색상의 잔여물을 깨끗이 헹군 뒤 물기를 제거한다.

✓ 유의사항**(감점처리됨)**
　① 도포작업이 미숙할 때
　② 호일 감싸기가 정확하지 않았을 때
　③ 드라이어를 사용하는 방법과 열처리가 미숙할 때
　④ 색상을 깨끗이 헹구지 않았을 때
　⑤ 헹군 후 타월 건조가 미숙할 때

3) 웨프트의 색상, 간격, 라인 등은 균일함과 선명도가 정확해야 한다.

(1) 완성된 웨프트는 제시된 색상과 일치해야 한다.

(2) 완성된 웨프트는 5cm를 기준으로 도포 라인이 정확해야 한다.

(3) 완성된 웨프트의 염착은 얼룩짐 없이 균일하며 선명해야 한다.

✓ 유의사항**(감점처리됨)**
　① 주어진 과제에 맞는 색상 선명도가 드러나지 않은 경우
　② 과제의 간격, 라인 등의 균일함이 정확하지 않은 경우

4) 완성된 웨프트는 작업결과지에 깨끗하게 부착한다.

작업결과지에 이물질 또는 오염물이 묻지 않도록 한다.

✓ 유의사항**(감점처리됨)**
　① 작업결과지에 요구되는 과제물이 정리되어 있지 않은 경우
　② 작업결과지에 이물질이 묻어있을 경우

5) 작업 후 작업대를 정리, 정돈함으로써 위생에 만전을 기한다.

✓ 유의사항**(감점처리됨)**
　① 주변정리 등이 위생적이지 못할 때
　② 마무리에 요구되는 자세가 숙련되지 못할 때

2 컬러 작업 또는 마무리 시 유의사항

✓ 유의사항(감점처리됨)

① 헤어 컬러 시 도구 사용이 적절하지 못할 때

② 산성염모제의 색상 선정 및 배합이 정확하지 못할 때

③ 산성염모제의 도포량 및 도포 간격이 균일하거나 정확하지 못할 때

④ 산성염모제 작업(브러시, 손놀림, 처리기법, 헹굴 때, 타월 건조 등) 시 숙련되지 못할 때

⑤ 완성물(작업결과지 부착) 및 작업대 위생 상태가 양호하지 않을 때

⑥ 헤어 컬러 작업시 도포된 염모제를 세척하지 못한 경우

✓ 유의사항(0점 처리됨)

헤어 컬러 작업시 헤어피스를 2개 이상 사용할 경우

CHAPTER 02 ｜헤어 컬러링의 세부 과제

1 헤어 컬러링의 작업절차(25분, 20점)

색선정 및 배합(총 6점) → 컬러 도포(총 6점) → 완성도 및 조화미(6점) → 정리 및 마무리(2점)

세부항목		작업요소
1.색 선정 및 배합 (총 6점)	도구사용 (2점)	• 아크릴판에 호일을 감싼 후 웨프트(7레벨 탈색모)를 고정시킬 수 있도록 준비할 수 있다(※ 주의! 검정원 감독의 지시에 따라 시험 시작 후에 아크릴판에 탈색모를 고정시킨다). • 정리 바구니에 헤어 컬러링에 사용될 도구와 재료 등을 준비할 수 있다. 　- 염색볼, 염색브러시는 흰색을 사용함으로써 컬러 색상의 비율을 확인하면서 사용할 수 있다. 　- 키친 타월은 ① 배합된 색상을 확인할 때, ② 웨프트에 도포된 색상이 다 나왔을 때, ③ 샴푸 작업 전에 웨이프에 묻은 염색제를 어느 정도 제거할 때, ④ 샴푸 후 린스처리를 위해 샴푸 물기를 제거할 때, ⑤ 린스 후 물기를 제거할 때 등, 키친 타월을 세·네 겹으로 하여 웨프트를 사이에 넣어 위에서 아래로 눌러 닦아냄으로써 건조 시간과 함께 웨프트 내 색상 처리를 위생적·능률적으로 작업할 수 있다. 　- 핸드 드라이어는 웨프트에 도포된 염색제가 잘 침투할 수 있도록 열을 가할 때(5분~7분)와 식힐 때(3분 정도) 사용할 수 있다. 　- 호일은 웨프트에서 5cm 정도 띄우고 염색제가 도포된 부분만을 공기가 통하지 않게 호일을 감싼다. 드라이어 열풍을 위에서 아래로 향하게 하였을 때 색소가 침투되도록 하며, 색소를 고정시키기 위해 감쌌던 호일을 풀어서 드라이어로 냉풍처리할 수 있다. • 색소가 입착된 웨프트를 키친타월로 어느 정도 색소 또는 물기를 제거시킨 후 산성 샴푸제와 산성 린스제를 사용할 수 있다. • 수험장에 지참되는 수통은 웨프트의 색소를 제거할 만큼 충분한 물이 들어갈 수 없다. 따라서 키친 타월을 사용하여 전처리 또는 후처리할 수 있게 한다. • S-브러시는 꼬리빗 또는 염색브러시 사용 시 보다 염색된 웨프트를 빠른 건조와 함께 2차적 모발손상을 예방하면서 윤기를 갖게할 수 있다.

	2. 색상선정 및 배합(4점)	• 주황색(빨강1 : 노랑2), 초록색(파랑2 : 노랑3), 보라색(빨강1 : 파랑1)로 2차색을 배합할 수 있다. (※ 현재 지급되는 탈색모 – 웨프트에 색을 드러내어야 하는 반영구적 염모제는 회사마다 비율이 약간씩 다를 수 있으므로 연습 시 충분하게 결과 염모제에 대해 숙지해야 한다.)
2.컬러 도포 (총 6점)	3. 도포량 및 간격 (2점)	• 회사에서 요구되는 색상 비율에 맞게 혼합된 염모제를 웨프트의 고정 테이프 끝점에서 5cm 아래로 도포해야 한다. • 아크릴판에 고정된 웨프트에 도포 시, 우선 호일 밑바닥부터 브러시로 밑칠한 다음 슬라이스를 3~4개 정도 나누어서 웨프트의 중간에서 위로 향해 간격을 정확하게 하여 도포한다.
	4. 호일워크 및 열 · 냉처리 및 산성샴푸 · 린스 처리의 숙련도(4점)	• 5cm를 띄운 선이 정확하게 표현되도록 브러시를 세워서 사용하며 큰 움직임으로 웨프트 면을 가로로 도포 후에 작은 움직임으로 빠르게 아주 꼼꼼하게 한 올씩 세로로 세워서 도포한다. • 앞면을 다 도포하고 난 후에는 뒤로 뒤집어서 도포가 덜 된 부분에 가로 · 세로 브러싱을 꼼꼼하게 도포한다. • 색소 배합 적정 비율 및 색소 혼합 방법, 도포 브러싱(가로 · 세로) 방법, 간격 5cm 띄우기와 선의 일직선, 열처리(열풍 · 냉풍) 방법, 호일감싸기 방법, 키친타월로 색소 제거 및 물기 제거 방법, 세척 방법, 웨프트 건조시 브러싱 및 드라이어 처리 방법, 건조 처리 후 웨프트 윤기 보완 및 마무리 방법, 작업 결과지에 테핑 방법 등이 숙련되어야 한다.
3. 완성도 및 조화미(8점)	완성도 및 조화미 (6점)	• 이차색으로 염색된 웨프트 주황은 너무 붉지 않거나 옅은 브라운 또는 희끗희끗한 주황이 되지 않도록 연출한다. • 초록은 군청색 또는 연두색이 되지 않도록 연출한다. • 보라는 청보라 또는 연보라가 되지 않도록 연출한다. • 작업 결과지에 염색된 웨프트를 깨끗하게 테이프로 붙여 놓아야 한다.
	정리 및 마무리 (2점)	• 염모제가 담긴 염색볼과 염색 브러시를 키친타월로 닦아서 정리한다. • 키친타월에 묻은 염모제는 일회용 비닐에 넣어서 처리한다. • 염색된 웨프트를 세척한 수통의 물을 배수구에 버린다.

2 헤어 컬러링 완성 작품

빨강 1 : 노랑 2

파랑 2 : 노랑 3

빨강 1 : 파랑 1

실제 작업된 컬러링 색과 인쇄된 색에 차이가 있을 수 있다.

3 헤어 컬러링

목표	시험 규정에 맞게 웨프트를 사용하여 컬러링을 작업한다.	블로킹	1cm 이하로 슬라이스한다.
장비	작업대, 민두, 홀더, 분무기	형태선	웨프트 상단 5cm 아래에 2차 색 만들기
도구	헤어 드라이어, 타월, 염색볼, 브러시, 아크릴판	슬라이스	1cm 미만
소모품	웨프트(7레벨 탈색모) ※ 명도 7레벨, 15g 내외로 분량이 적당할 것, 1개	시술각	
내용	2차색 만들기	손의 시술 각도	
시간	25분	완성 상태	결과지에 2차 색상 붙이기

4 사전 준비

도구 및 재료 준비

- ☐ 산성염모제
  (빨강, 노랑, 파랑)
- ☐ 염색볼
- ☐ 염색 브러시
- ☐ 일회용 장갑
- ☐ 티슈
- ☐ 신문지
- ☐ 투명테이프
- ☐ S-브러시

- ☐ 물통
- ☐ 헤어 드라이어
- ☐ 샴푸제
- ☐ 린스제
- ☐ 위생봉투(투명비닐)
- ☐ 타월(흰색)
- ☐ 호일
- ☐ 아크릴판
- ☐ 헤어피스(1개)

Section 1 주황 염색

❶ 염색 볼에 산성 염모제(노랑 + 빨강)를 2 : 1로 덜어준 후 브러시를 사용하여 배합해 준다.

❷ 브러시에 염모제를 묻혀 흰 티슈에 컬러를 발라 원하는 색상이 나왔는지 확인한다.

❸ 아크릴판 위에 잘린 호일(호일 크기는 40cm × 25cm)을 올려놓고, 아크릴판을 감싸준 다. 시험이 시작되면(시간이 25분으로 스타트될 때) 웨프트를 아크릴판에 고정시킨 후 웨프트 밴드 밑에서 약 5cm의 길이를 띄우고 투명테이프로 고정시킨다.

❹ 웨프트에서 약 5cm의 길이를 띄우고 브러시에 염모제를 묻혀 호일에 고르게 바른다. 웨프트의 시작점은 수평을 위해 브러시에 염모제를 묻혀 세로로 도포한다. 브러시의 각도를 90°로 세워 바르다가 45°로 눕혀 도포한다.

웨프트에 착색이 잘되기 위해서는 2~3번 슬라이스 파팅(1cm 이하) 슬라이스하여 염모제를 발라야 한다.

❺ 웨프트가 고르게 착색되도록 브러시에 염모제를 묻혀 90°로 세워 가로로 콕콕 찌르듯이 빠른 속도로 재차 빈틈없이 도포한다. 웨프트는 가로로 3등분하여 위에서 아래로 고르게 충분히 도포한다.

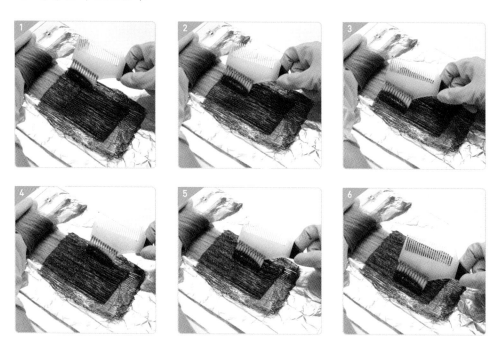

❻ 웨프트의 시작점은 일직선의 수평을 위해 브러시에 염모제를 충분히 묻혀 브러시의 각도를 90°로 세워 바르다가 45°로 눕혀 도포한다.

❼ 웨프트에 정확한 일직선 라인(5cm 띄운)을 유지하면서 브러시를 이용하여 웨프트를 뒤로 돌린 후 염모제를 충분히 도포한다. 주황색을 충분히 도포한다.

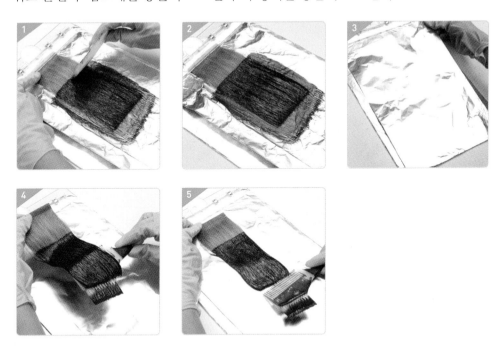

❽ 새 브러시를 사용하여 호일에 자국을 낸 후 세로로 접어준다. 반대편도 동일하게 접어준다.

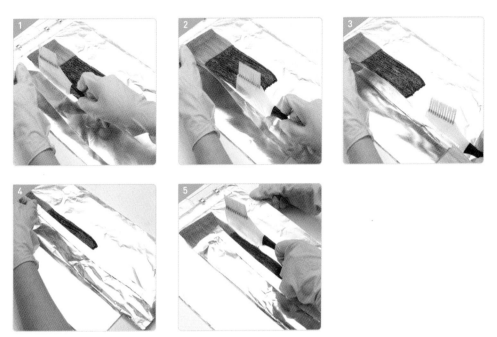

❾ 웨프트를 호일로 감싼 후 헤어 드라이어를 사용하여 5~7분 이상 동안 가온처리한다(열처리시에는 은박지를 밀봉시켜서 바람이 들어가지 않도록 한다). 가온처리 후 2~3분 정도 차가운 바람으로 처리하거나 은박지에서 바람이 밖으로 통하도록(아이스팩 위에 웨프트를 올리면 냉처리 시간을 1분~1분 30초 정도 절약한다) 자연방치한다.

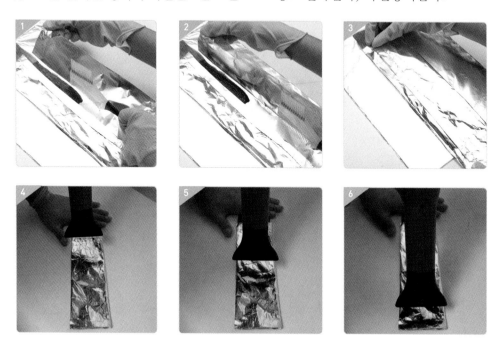

❿ 웨프트에 산성염모제를 도포하고, 3~5분 경과 후 산성 샴푸를 사용하여 물통에서 깨끗하게 헹군 후 위에서 아래로 물기를 훑어서 짠다(염모제가 묻은 상태의 웨프트는 샴푸전에 키친타월에 닦은 후 사진과 같이 세척한다.)

* 모든 준비 및 도포처리는 10분, 열풍과 냉풍 10분, 세척 1분, 건조 2~3분

⑪ 샴푸 후 산성 린스를 사용하여 물통에서 깨끗하게 헹구어준다. 젖은 웨프트는 타월 또는 키친타월로 물기를 꾹꾹 눌러 제거한 후 헤어 드라이어를 사용하여 모발을 건조시킨다.

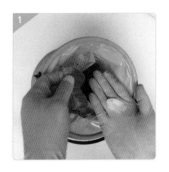 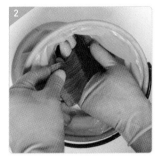 

⑫ 드라이어 노즐 위로 웨프트를 올려 놓고 모발이 엉키지 않도록, 브러시를 사용하여 모발 결을 따라 위에서 아래로 천천히 다리면서 빗으면서 말려주면 윤기(광택)를 준다.

⑬ 완성된 주황색 웨프트는 깔끔하게 정돈하여 투명테이프로 과제물 제출지에 부착하여 제출한다(타월을 깔은 후 블로 드라이어를 얹고 그 위에 웨프트를 고정시켜서 열풍을 이용하여 말린다).

✓ 주의

S브러시와 열풍을 이용하여 건조시킬 때 바람을 브러시 빗살로 모은다는 느낌으로 천천히 스트레치 드라잉하면서 브러싱하면 두발에 윤기(광택)을 주면서 건조가 빨리 된다.
- 여러번 브러싱할수록 웨프트의 질감은 거칠어 진다.
- 건조 마지막 단계에서 열처리 후 웨프트를 손바닥으로 훑어 내리면 더 많은 윤기와 색상의 선명도를 갖는다.
- 초록, 보라색도 주황과 동일한 방법으로 절차를 갖는다.
- 본서에 제시된 주황은 사진상에서 볼 때 붉은색이 많이 보임 – 사진보다는 옅은 주황이 나와야 함

| Section 2 | 초록 염색 |

① 염색 볼에 산성염모제(노랑 + 파랑)를 3:2로 덜어준 후 브러시를 사용하여 배합해 준다.

② 염모제를 묻힌 브러시를 흰 티슈에 발라서 2차 색인 초록 색상이 나왔는지 확인한다.

③ 아크릴판 위에 호일(40cm × 25cm)을 올려놓고 7레벨의 웨프트를 잘 빗질한 후 약 5cm의 길이를 띄우고 투명테이프로 고정한다.

❹ 웨프트에서 약 5cm의 길이를 띄우고 브러시에 염모제를 묻혀 호일에 고르게 바른다.
웨프트의 시작점은 수평을 위해 염모제를 묻힌 브러시를 세로로 도포한다. 브러시의
각도는 90°로 세워 위에서 아래 45° 방향으로 눕히면서 도포한다.

> 착색에 따른 고른 도포를 위해 웨프트 모다발을 2~3번 정도 슬라이스(1cm 이하)
> 하여 작업한다.

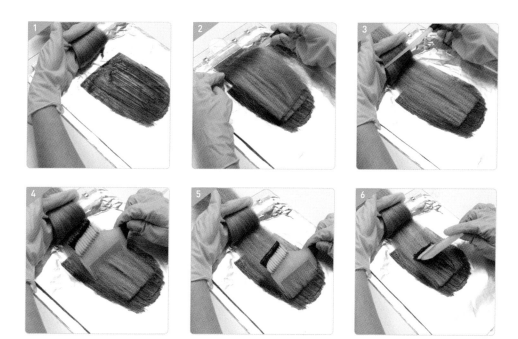

헤어 컬러링

❺ 웨프트에 염모제가 고르게 착색되도록 브러시를 90°로 세워 가로로 콕콕 찌르는 듯한 터치 동작을 통해 위에서 아래로 3등분하여 고르게 도포한다.

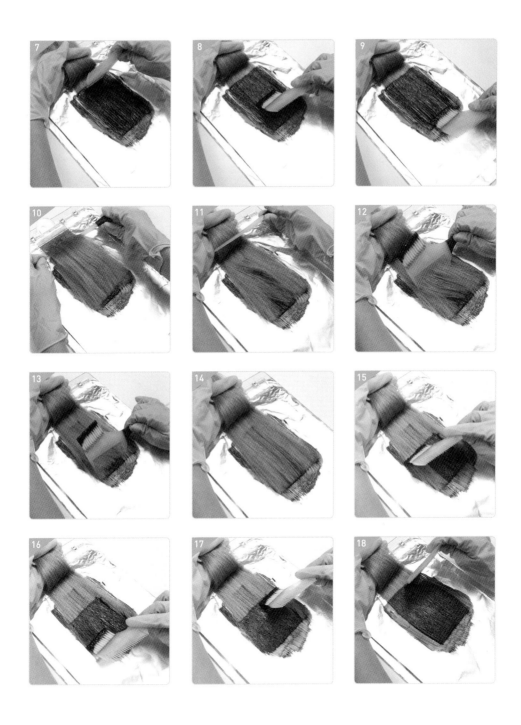

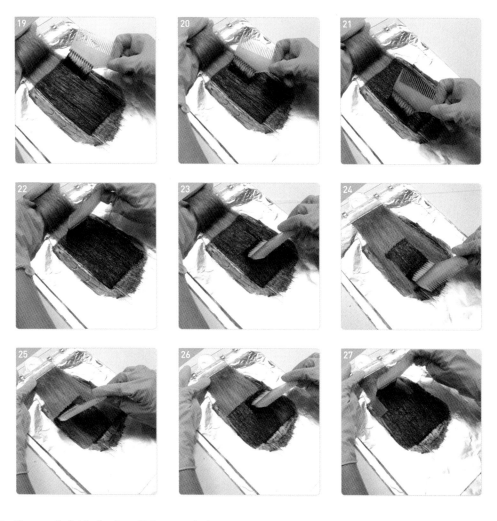

❻ 웨프트에 충분히 염모제를 도포한다.

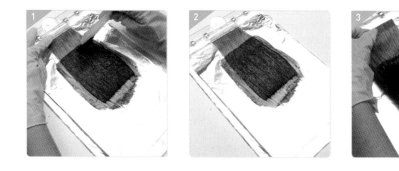

❼ 브러시의 빗살 또는 빗꼬리 부분을 사용하여 호일워크를 위해 홈을 낸 후 세로로 접어
준다. 반대편도 동일하게 접어준다.

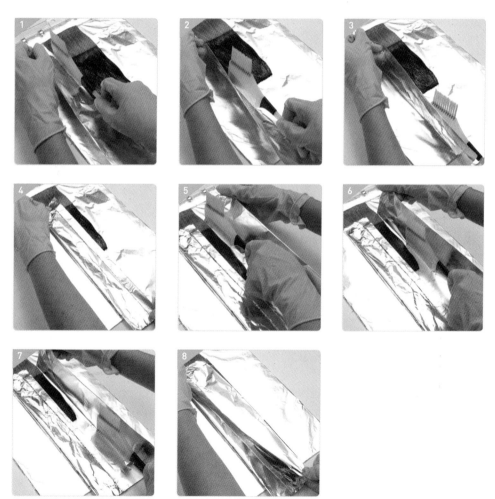

⑧ 호일워크 완성

⑨ 호일워크된 상태에서 헤어 드라이어를 사용하여 5~7분 가온처리 후 자연방치한다.

⑩ 총 3~5분 경과 후 산성 샴푸를 사용하여 깨끗하게 헹궈낸다.

⑪ 산성 샴푸 후 산성 린스를 사용하여 물통에서 깨끗하게 헹궈낸다. 젖은 웨프트는 타월로 물기를 제거한다.

⑫ 모발이 엉키지 않도록 브러시를 사용하여 모결을 따라 위에서 아래로 빗으면서 동시에 헤어 드라이어로 말려준다. 깔끔하게 정돈된 웨프트는 제출지에 투명테이프로 부착하여 과제물로 제출한다.

✓ 주의
• 사진상 제시된 초록은 노랑색이 드러나지 않아 본서의 지면상 프린트 되는 종이에 따라 쑥색으로 보임 – 따라서 밝은 초록 즉, 연초록색보다 약간 짙은 색으로 연출바람

Section 3 　보라 염색

① 염색 볼에 산성 염모제(파랑 + 빨강)를 1:1로 덜어준 후 브러시를 사용하여 고르게 배합한다.

② 브러시에 염모제를 묻혀 흰 티슈에 2차 색상인 보라 색상이 나왔는지 확인한다.

③ 아크릴판 위에 호일(40cm×25cm)을 올려놓고 7레벨의 웨프트를 잘 빗질한 후 약 5cm의 길이를 띄우고 투명테이프로 고정시킨다.

④ 웨프트에서 약 5cm의 길이를 띄우고 브러시에 염모제를 묻혀 호일에 고르게 바른다. 웨프트의 시작점은 수평을 위해 염모제를 묻힌 브러시를 위(90°)에서 아래(45°)로 도포한다. 브러시는 45~90°를 유지시킨다.

> 웨프트의 착색에 따른 고른 도포를 위해 2~3번 모다발을 슬라이스하여 작업한다.

⑤ 웨프트가 고르게 착색되도록 브러시에 염모제를 묻혀 가로로 삼등분하여 90°로 위에서 아래로 재차 고르게 도포한다.

❻ 염모제를 충분히 도포해 준 뒤에는 호일워크 작업으로서 브러시 꼬리를 사용하여 호일에 자국을 준 후 세로로 접어준다. 반대편도 동일하게 접어준다.

❼ 염색모를 호일로 감싼 후 헤어 드라이어를 사용하여 5~7분 동안 가온처리한다. 가온처리 후 자연방치한다.

❽ 염모제를 도포과정과 가열, 자연방치(또는 냉풍드라이) 처리 3~5분 후 산성 샴푸를 사용하여 물통에서 깨끗하게 헹구어준다.

❾ 샴푸 후 산성 린스를 사용하여 물통에서 깨끗하게 헹구어낸다. 젖은 웨프트는 타월로 물기를 제거한 후 헤어 드라이어로 건조시킨다.

❿ 모발이 엉키지 않도록 브러시를 사용하여 모결을 따라 위에서 아래로 빗으면서 말린다. 깔끔하게 정돈된 웨프트는 제출지에 투명테이프로 부착하여 과제물로 제출한다.

✓ 주의

• 본서에 제시된 보라색 사진은 청색이 많이 들어가 보이므로 작업 시 옅은 보라로 표현되어야 한다. 출판에서 사용되는 종이의 문제점으로 인해 색상표현이 잘 드러나지 않음.

참 고 문 헌

1. HAIR PERMANENT WAVE, 류은주, 청구문화사, 1999.

2. HAIR DESIGN and VISAGIASM, 류은주 외 3人, 청구문화사, 2000.

3. HAIR CUT Ⅱ, 류은주, 청구문화사, 2001.

4. 모발미학사, 류은주, 이화, 2003.

5. 모발 및 두피관리방법론, 류은주·오무선, 이화, 2003.

6. 모발미용학개론, 류은주·김종배 공저, 이화, 2004.

7. 두개피 육보관리학, 한국모발학회, 이화, 2006

8. Trichology Level Ⅲ, 류은주 외 2人, 트리콜로지, 2008.

9. 탈모 메커니즘, 유광석, 다모출판, 2008.

10. 탈모증별 상담과 실습, 유광석, 다모출판, 2008.

11. 고등학교 헤어미용, 류은주 외 4人, 서울특별시교육청, 2010.

12. HEALTH AND SAFETY FOR HAIR CARE AND BEAUTY PROFESSIONALS, California
State Board of Barbering and Cosmetology, University of California at Berkeley, 1993.

13. 두개피 미용교과교육론, 류은주 외 2人, 다모, 2011.

14. 스캘프 샴푸 및 트리트먼트 교육론, 류은주 외 1人, 한국학술정보, 2012.

15. 웨이브·스트레이턴드 펌 교육론, 류은주 외 1人, 한국학술정보, 2012.

16. 염·탈색 미용교육론, 류은주 외 1人, 한국학술정보, 2012.

17. 헤어컬러링 교육방법론, 곽진만 외 6人, 청구문화사, 2016.

18. NCS 이용 학습모듈 14권, 대표저자 류은주, 교육부, 2016.

memo

memo

memo

memo